# LES CHAUVES-SOURIS DE MADAGASCAR

## GUIDE DE LEUR DISTRIBUTION, BIOLOGIE ET IDENTIFICATION

Steven M. Goodman

Illustrations de
Velizar Simeonovski

Association Vahatra
Antananarivo, Madagascar

2011

Publié par l'Association Vahatra
BP 3972
Antananarivo (101)
Madagascar
edition@vahatra.mg

Editeurs de série : Marie Jeanne Raherilalao et Steven M. Goodman

ISBN 978-2-9538923-0-7

Carte par Rita Ratsisetraina
Page de couverture et mise en page par Malalarisoa Razafimpahanana

La publication de ce livre a été généreusement financée par une subvention du Fond de Partenariat pour les Ecosystèmes Critiques (CEPF)

Imprimerie : Graphoprint
Z. I. Tanjombato, B. P. 3409, Antananarivo 101, Madagascar.
10 mars 2011

**Objectif de la série des guides de l'Association Vahatra sur la diversité biologique de Madagascar.**

Au cours des dernières décennies, des progrès énormes ont été réalisés concernant la description et la documentation de la flore et de la faune de Madagascar, des aspects des communautés écologiques ainsi que de l'origine et de la diversification des myriades d'espèces qui peuplent l'île. Beaucoup de ces informations ont été présentées de façon technique et compliquée, dans des articles et ouvrages scientifiques qui ne sont guère accessibles, voire hermétiques à de nombreuses personnes pourtant intéressées par l'histoire naturelle. De plus, ces ouvrages, uniquement disponibles dans certaines librairies spécialisées, coûtent cher et sont souvent écrits en anglais. Des efforts considérables de diffusion de l'information ont également été effectués auprès des élèves des collèges et lycées concernant l'écologie, la conservation et l'histoire naturelle de l'île, par l'intermédiaire de clubs et de journaux tel que Vintsy, organisés par WWF-Madagascar. Selon nous, la vulgarisation scientifique est encore trop peu répandue, une lacune qui peut être comblée en fournissant des notions captivantes sans être trop techniques sur la biodiversité extraordinaire de Madagascar. Tel est l'objectif de la présente série où un glossaire définissant les quelques termes techniques écrits en gras dans le texte, est présenté à la fin du livre.

L'Association Vahatra, basée à Antananarivo, a entamé la parution d'une série de guides qui couvrira plusieurs sujets concernant la diversité biologique de Madagascar. Nous sommes vraiment convaincus que pour informer la population malgache sur leur patrimoine naturel, et pour contribuer à l'évolution vers une perception plus écologique de l'utilisation des ressources naturelles et à la réalisation effective des projets de conservation, la disponibilité de plus d'ouvrages pédagogiques à des prix raisonnables est primordiale. Nous introduisons par la présente édition le premier livre de la série, concernant les chauves-souris, un groupe d'animaux encore trop peu connu.

Association Vahatra

*Ce livre est dédié à*


*Robert W. Storer (1914-2008)*


*Professeur, compagnon de terrain et mentor*

# TABLE DES MATIERES

# PREFACE

Steve Goodman est un chercheur précurseur dans le cadre de la recherche sur les chauves-souris de Madagascar. Il a découvert et décrit scientifiquement plus de nouvelles espèces sur la grande île que quiconque dans l'histoire. Maintenant, dans *Les chauves-souris de Madagascar*, il partage pour la première fois la richesse de sa connaissance aux non-scientifiques. Madagascar abrite 43 espèces de chauves-souris, dont un peu moins des trois-quarts ne sont trouvés nulle part ailleurs dans le monde. Elles sont d'une grande variété, des roussettes géantes de plus de un mètre d'envergure, aux minuscules chauves-souris à queue gainée qui sont plus petites que notre petit doigt. Alors que certaines ont des visages qui pourraient concourir dans un concours de beauté, d'autres sont aussi étranges que les dinosaures.

Les lecteurs apprendront que les chauves-souris peuvent « voir » avec le son, grâce à un système sophistiqué appelé l'écholocation, et aussi que, contrairement à la croyance populaire, elles ont de très bons yeux, de nuit comme de jour. Les chauves-souris se classent parmi les mammifères vivants ayant la plus longue durée de vie au monde pour leur taille, certaines ayant vécu pendant plus de 40 ans. Mais elles font aussi partie de celles dont la reproduction est la plus lente, la plupart n'ont des petits qu'une seule fois par an. Etant donné que les chauves-souris forment de grandes colonies dans des cavernes, dans les creux des vieux arbres et dans d'autres emplacements vulnérables et qu'elles se reproduisent si lentement, elles font partie des mammifères les plus vulnérables à l'extinction.

Comme toute la faune et la flore de Madagascar, les chauves-souris sont menacées par la destruction de leur habitat. Certaines d'entre elles sont chassées comme viande de gibier et d'autres encore sont inutilement tuées lorsqu'elles perdent leurs perchoirs naturels dans les creux des vieux arbres ou des cavernes, et qu'elles essaient de vivre dans des bâtiments devenus pour elles des refuges de dernier recours. Goodman a été un précurseur dans la préconisation de la construction de perchoirs artificiels pour ces dernières.

Aux États-Unis, des centaines de milliers de chauves-souris sans abri vivent maintenant dans des abris pour chauves-souris dans les jardins et des millions d'autres occupent des crevasses construites spécialement dans des ponts en béton armé. Ces chauves-souris sont des animaux qui font de merveilleux voisins. A Austin au Texas, par exemple, 1,5 million de chauves-souris molosses vivent dans les crevasses d'un pont de la ville où elles sont devenues une attraction touristique majeure. Elles mangent 15 tonnes d'insectes chaque nuit, dont beaucoup de parasites agricoles, les plus destructeurs du secteur. Leurs apparitions nocturnes spectaculaires attirent des touristes du monde entier, et rapportent chaque été près de 12 millions de dollars à l'économie locale.

Malgré quelques craintes, personne n'a été attaqué ou n'a contracté de maladie provenant des chauves-souris.

Dans *Les chauves-souris de Madagascar*, Steve Goodman a fait un travail remarquable en partageant son enthousiasme pour les chauves-souris, dévoilant de vieux mythes et soulignant les rôles essentiels des chauves-souris dans le maintien de la santé des écosystèmes et de l'économie humaine. Comme il l'a souligné, les espèces qui se nourrissent de fruits et de nectar dispersent des graines et permettent ainsi la pollinisation de fleurs qui est primordiale pour le maintien et le rétablissement des habitats forestiers critiques de Madagascar. Par ailleurs, les espèces qui se nourrissent d'insectes jouent des rôles clé dans la lutte contre les parasites agricoles, qui, sans les chauves-souris, pourraient sérieusement menacer les récoltes, y compris le riz.

En grande partie grâce au travail de Steve Goodman, les chauves-souris de Madagascar sont finalement reconnues comme des alliés essentiels et de bons voisins, elles comptent parmi les animaux les plus fascinants du pays.

**Merlin D. Tuttle**
« Founder, Bat Conservation International »
Austin, Texas, Etats Unis

# REMERCIEMENTS

Ces dernières décennies, un nombre croissant de scientifiques et d'étudiants chercheurs effectue leurs recherches sur les chauves-souris de Madagascar. L'intérêt des scientifiques sur ce thème relativement récent a commencé avec la publication en 1995 d'une monographie : « Chiroptères », par R. L. Peterson, J. L. Eger et L. Mitchell, dans la série *Faune de Madagascar*. A la suite de cette publication, plusieurs chercheurs et étudiants chercheurs ont travaillé pour l'avancement des connaissances sur la faune des chauves-souris de Madagascar. Parmi ces chercheurs, je cite par ordre alphabétique : Daudet Andriafidison, Radosoa A. Andrianaivoarivelo, Laura Bambini, Paul J. J. Bates, Daniel Bennett, Scott G. Cardiff, Stéphanie M. Carrière, Claire Hawkins, Jim Hutcheon, Edina Ifticene, Richard K. B. Jenkins, Amyot F. Kofoky, Emma Long, James MacKinnon, Claudette P. Maminirina, Théodore Manjoazy, Tsibara Mbohoahy, Monica Picot, Andriamanana Rabearivelo, Paul A. Racey, Marie Jeanne Raherilalao, Balsama Rajemison, Zafimahery Rakotomalala, Eddy N. Rakotonandrasana, Claude Fabienne Rakotondramanana, Félix Rakotondraparany,' Daniel Rakotondravony, Mahefa Ralisata, Beza Ramasindrazana, Roseline L. Rampilamanana, Félicien H. Randrianandrianina, Julie Ranivo, Achille P. Raselimanana, Fanja H. Ratrimomanarivo, Hanta Julie Razafimanahaka, Vola Razakarivony, Guillaume Rembert, Leigh Richards, Manuel Ruedi, Jon Russ, Corrie Schoeman, Harald Schütz, Voahangy Soarimalala, Peter J. Taylor et Nicole Weyeneth.

Parmi ceux qui se sont occupés des travaux de laboratoire ayant permis une meilleure compréhension de la phylogénie et de la biogéographie des espèces de chiroptères malgaches, nous tenons à remercier : Belinda Appleton, Helen M. Bradman, Waheeda Buccas, Lauren M. Chan, Les Christidis, Nikhat Hoosen, Jennifer Lamb, Bronwyn Melson, Theshnie Naidoo, Taryn M. C. Ralph, Devendran Reddy, Manuel Ruedi, Amy L. Russell, Kate E. Ryan, Jessica Vivian, Nicole Weyeneth et Anne D. Yoder.

Nous voulons exprimer notre reconnaissance à Madagascar National Parks (MNP, ex-ANGAP), à la Direction du Système des Aires Protégées et à la Direction Générale de l'Environnement et des Forêts pour avoir accordé les autorisations de recherche, notre reconnaissance s'adresse également à D. Rakotondravony et à feue O. Ramilijaona de l'Université d'Antananarivo du Département de Biologie Animale, pour leur aimable assistance dans les multiples détails administratifs.

Je suis personnellement reconnaissant aux différents conservateurs des musées qui nous ont permis d'accéder aux échantillons de chauves-souris venant de Madagascar, en particulier : Daniel Rakotondravony, Département de Biologie Animale, Université d'Antananarivo, Antananarivo ; Jean-Marc Pons et Christiane Denys, Muséum National d'Histoire Naturelle, Paris ; Judith Chupasko, Museum of

Comparative Zoology, Cambridge, Massachusetts ; Michael D. Carleton et Linda Gordon, National Museum of Natural History, Washington, D.C. ; Paulina D. Jenkins, The Natural History Museum, London ; et Judith L. Eger, Royal Ontario Museum, Toronto. Les travaux de terrain et de recherche à Madagascar ont été généreusement appuyés par Beneficia Foundation, Biodiversity Alliance (Cleveland, Ohio), Fond de partenariat pour les écosystèmes critiques (CEPF), Conservation International (CABS), John D. and Catherine T. MacArthur Foundation, National Geographic Society (6637-99 et 7402-03), National Science Foundation (DEB 05-16313), National Speological Society, Volkswagen Foundation et le programme WWF Madagascar et Océan Indien occidental. Nous sommes également reconnaissants aux responsables de programme et collègues impliqués dans ces différentes subventions, qui ont facilité l'opportunité de financement lorsqu'elle s'est présentée : Richard Carroll, Elizabeth Chadri, Jörg U. Ganzhorn, Detlef Hanne, Olivier Langrand, Cathi Lehn, Nina Marshall, Jean-Paul Paddack, Jorgen Thomsen et John Watkin.

Par ailleurs, la publication de ce livre n'aurait été possible sans l'aide de différentes institutions et personnes physiques. Nous sommes reconnaissants au Fond de Partenariat pour les Ecosystèmes Critiques (CEPF) de Conservation International pour avoir financé l'édition de ce livre. Le Fond de partenariat pour les écosystèmes critiques est une initiative conjointe de l'Agence Française de Développement, de Conservation International, du Fonds pour l'Environnement Mondial, du gouvernement du Japon, de la Fondation MacArthur et de la Banque Mondiale, et dont l'objectif principal est de garantir l'engagement de la société civile dans la conservation de la biodiversité.

Durant plusieurs années, j'ai accompagné mes collègues de l'association Vahatra dans de nombreux travaux de recherche sur le terrain, je remercie Achille Raselimanana, Voahangy Soarimalala et Marie Jeanne Raherilalao pour leur compagnie. Malalarisoa Razafimpahanana s'est occupé de la compilation du livre et nous lui sommes reconnaissants pour son attention méticuleuse au détail. Myriam Claude Rakotondramanana a été principalement responsable de la traduction des textes à partir de la version originale en langue anglaise. Marie Jeanne Raherilalao et Elodie Van Lierde ont apporté leurs commentaires constructifs sur une version antérieure du présent manuscrit. Les dessins en couleur de Velizar Simeonovski, le dessin en noir et blanc de Christeen Grant, ainsi que les photos d'An Bollen, Scott G. Cardiff, Amyot Kofoky, Erwan Lagadec, Eddie Rakotonandrasana, Claude Fabienne Rakotondramanana, Beza Ramasindrazana, Fanja Ratrimomanarivo, Mamy Ravokatra, Manuel Ruedi, Karen Samonds, Harald Schütz et Merlin D. Tuttle de « Bat Conservation International » agrémentant les pages du livre. Finalement, je suis grandement reconnaissant à Asmina Gandie et Hesham Goodman pour leur patience malgré mes absences fréquentes de la maison, et tous les départs matinaux au bureau pour aller travailler sur ce livre et sur tous les autres projets de recherche et d'enseignement.

# PRESENTATION DU LIVRE

Ce livre vise une large audience, et bien que nous ayons essayé d'éviter l'utilisation de trop nombreux termes techniques, cela a été inévitable dans certains cas. Les mots ou termes écrits en **gras** dans le texte sont définis dans la section glossaire à la fin du livre. En outre, étant donné que les noms vernaculaires communs des chauves-souris malgaches sont très différents selon le dialecte et qu'ils sont inconnus à la fois des scientifiques et des passionnés de la nature, nous les appelons uniquement par leurs noms scientifiques.

Les noms scientifiques s'écrivent en *italique* lorsqu'ils désignent un organisme au niveau du genre et de l'espèce. De plus, lorsqu'un nom de genre est cité plusieurs fois dans une même phrase ou paragraphe, celui ci peut être abrégé. Dans le système de **classification** zoologique, une hiérarchie nette est établie, afin de refléter l'histoire **évolutive** des organismes, et plus spécifiquement le processus d'**ancêtre**. Ceci est illustré dans le Tableau 1. Pour les noms vernaculaires en français des espèces de chauves-souris de Madagascar, nous utilisons une source déjà publiée afin de standardiser ces termes (62).

Alors que certains lecteurs estiment important de connaître les références scientifiques utilisées pour statuer sur certains points, d'autres peuvent les trouver encombrantes. Afin de trouver un compromis entre ces deux cas, nous utilisons un système de numérotation discret qui cite les études concernées et qui sont ensuite listées dans la partie des références bibliographiques à la fin de ce livre.

**Tableau 1.** Classification hiérarchique des chauves-souris, avec un exemple précis jusqu'au niveau de l'espèce.

| |
|---|
| Classe – Mammalia |
| Ordre – Chiroptera |
| Famille – Miniopteridae |
| Sous-famille – Miniopterinae |
| Genre – *Miniopterus* |
| Espèce – *manavi* |

# INTRODUCTION SUR LES CHAUVES-SOURIS

## QUE SONT LES CHAUVES-SOURIS ?

Les chauves-souris, tout comme les êtres humains, sont des **mammifères**. Ce sont des animaux à sang chaud, ils possèdent une fourrure, quatre membres (dont deux sont modifiés en ailes), les femelles accouchent et **allaitent** leurs petits. Ce qui différencie surtout les chauves-souris et les hommes est que ces premières volent, sont actives la nuit, ne marchent pas en se tenant droites et sont d'apparence très différente.

Beaucoup de chauves-souris possèdent une structure faciale plutôt étrange et variée, avec de très petits yeux, de grandes oreilles et des structures en forme de feuille sur ou autour du nez. Ces structures **anatomiques** caractéristiques sont associées à une faculté d'orientation particulière appelée **écholocation**, ceci est expliqué en détail plus bas. Contrairement aux croyances générales, les chauves-souris ne sont pas aveugles, et toutes les espèces possèdent au moins une vue limitée. Certaines espèces utilisent considérablement leur vision pour s'orienter et pour trouver leur nourriture.

Les chauves-souris sont des créatures extraordinaires, réellement fascinantes, mais qui se sont malheureusement vu attribuer une mauvaise réputation. Elles sont considérées comme des messagers du mal, ou associées à la sorcellerie. Ceci est certainement dû à leurs habitudes **nocturnes** et au fait qu'elles sont souvent trouvées en très grand nombre dans des grottes qui sont des endroits associés à l'inconnu. De plus, les films d'horreur de Hollywood, comme Dracula, n'améliorent pas du tout leur réputation ! Bien que des chauves-souris vampires se nourrissant de sang existent réellement dans certaines régions du **Nouveau Monde**, plus précisément en Amérique du sud et centrale, elles sont inconnues de Madagascar ou des régions de l'**Ancien Monde**. Aucune des espèces de chauves-souris de Madagascar n'est directement nuisible et n'attaque les humains, ceci malgré de nombreuses légendes populaires racontées dans différentes parties de l'île. Beaucoup d'espèces de chauves-souris sont des animaux sociaux, les colonies occupent des gîtes **diurnes** de différentes natures, allant des creux des arbres, des grottes et des façades des falaises, aux structures humaines (espèces **synanthropiques**).

Les chauves-souris sont trouvées sur tous les principaux continents, et quelques 1 120 espèces ont été recensées dans le monde, ce qui constitue environ un cinquième des mammifères décrits sur notre planète. Durant ces dernières décennies, beaucoup de recherches concernant l'**écologie**, la **taxonomie** et la **phylogénie** des chauves-souris ont été conduites, avec plusieurs découvertes importantes réalisées, et la désignation de nombreuses espèces nouvelles à la science. Le dernier travail majeur sur les chauves-souris de Madagascar a été publié il y a 15 ans (74), faisant état de 27 espèces trouvées dans l'île. Par la suite, de nombreux chercheurs ont déployé des efforts considérables, en parallèle avec des travaux d'inventaire sur le terrain, pour assembler de nouveaux échantillons de chauves-souris venant des différentes régions de l'île. Ces collections, associées aux différentes études **anatomiques**, **bioacoustiques** et de **génétique moléculaire**, ont procuré de nouveaux aperçus sur la taxonomie des chauves-souris trouvées à Madagascar. Dans de nombreux cas, les caractères externes de ces espèces nouvellement nommées se distinguent très subtilement de celles déjà décrites, elles sont dites **espèces cryptiques**.

Au moment de l'impression de ce livre, 43 espèces de chauves-souris sont recensées à Madagascar, ce qui constitue une augmentation de 38% des espèces connues dans un intervalle de 15 ans. En outre, le niveau d'**endémisme** s'est accru, passant de 59% en 1995 à 73% vers la fin de 2010. A Madagascar, d'autres espèces de chauves-souris restent encore certainement à découvrir et à nommer.

A l'exception de trois espèces **frugivores**, généralement appelées *fanihy* ou *manavibe* en malgache, les chauves-souris de Madagascar se nourrissent d'**invertébrés**, principalement d'insectes (**insectivore**). Ces dernières, appelées en malgache *ramany*, *karanavy*, *kananavy*, *kapity* ou *kinakina* sont essentiellement **prédateurs** d'une grande variété d'insectes volants **nocturnes**. Certaines espèces consomment des moustiques

et différentes sortes de mouches qui sont **vecteurs** de maladies humaines. Quand elle cherche sa nourriture, une chauve-souris peut capturer de 500 à 1 000 moustiques en une heure, et ce nombre multiplié par le nombre d'individus d'une colonie donne un chiffre impressionnant sur les insectes consommés. Par exemple, les calculs faits sur une colonie de 30 000 chauves-souris du sud-est des Etats Unis d'Amérique estiment que ces animaux consomment 50 tonnes (=50 000 kg) d'insectes par an dont 15 tonnes (=15 000 kg) de moustiques. (http://www.batcon.org/pdfs/ bathouses/MosquitoControl.pdf). Par conséquent, ces animaux peu connus et apparemment mystérieux offrent un service bénéfique. L'élimination des chauves-souris ou la **perturbation** de leurs gîtes peuvent engendrer des impacts directs et indéniables sur la santé des hommes qui vivent à proximité de ces colonies. C'est une des nombreuses raisons pour laquelle il est indispensable de protéger ces animaux.

Les trois espèces frugivores peuvent voyager sur de longues distances. Par exemple, *Pteropus rufus* avec ses ailes de grande envergure peut voler jusqu'à 50 km par nuit. C'est de cette façon qu'une partie des fruits et des graines qu'elles consomment transite dans leur **tube digestif** et est déféquée à des distances considérables de l'arbre source. Ces chauves-souris frugivores jouent effectivement un rôle très important dans la **dissémination** et la **dispersion** des graines, probablement encore plus que les lémuriens, et sont par conséquent vitales à la propagation des jeunes arbres et à la régénération de la forêt malgache. Les forêts intactes protègent le sol de l'érosion et agissent comme une éponge à pluie, en libérant lentement l'eau vers les cours d'eau qui irriguent les zones agricoles et alimentent les rizières. Par conséquent, les *fanihy* remplissent une fonction très importante dans la propagation des forêts de Madagascar, une fonction qui doit être assimilée et respectée par la population (Figure 1).

L'objectif que nous visons par la conception de ce livre est que le grand public puisse apprendre des informations sur ce groupe d'animaux peu connus, extraordinaires et intéressants que sont les chauves-souris. Dans le présent chapitre, nous expliquons différents aspects des chauves-souris. Nous espérons qu'avec la présentation des quelques informations concernant les espèces existantes sur l'île, à savoir leur **distribution** et les différentes facettes de leur mode de vie, le grand public puisse se défaire, au moins partiellement, de sa perception négative des chauves-souris, et que plus de gens s'intéressent à ces animaux et à leur **conservation**. Par ailleurs, plusieurs détails sur les chauves-souris malgaches, dont les éléments de leur identification et de leur histoire naturelle sont présentés pour les étudiants et les naturalistes, afin de les aider à étudier et à apprécier le monde fabuleux des chauves-souris.

**Figure 1.** L'entrée d'une grotte d'Ankarana où un grand nombre d'*Eidolon dupreanum* **frugivores** se trouve. Les chauves-souris dispersent facilement les graines de fruits qu'elles consomment et les déposent avec leur excrément. La plupart des plants d'arbre observés sur cette image sont le résultat direct de cette forme de **dispersion**. (Cliché par Merlin Tuttle.)

## LA BIOLOGIE DES CHAUVES-SOURIS

Parmi les **mammifères**, les chauves-souris sont uniques, y compris leur capacité à voler et la faculté de la plupart des espèces à utiliser l'**écholocation** pour naviguer la nuit et pour localiser et capturer leurs **proies**. Ces extraordinaires **adaptations**, combinées avec d'autres traits, impliquent clairement que la biologie des chauves-souris est très différente de celles de la majorité des autres mammifères.

Les chauves-souris de Madagascar présentent des aspects très variables. L'espèce la plus petite est probablement *Emballonura tiavato* avec ses 3,3 g et la plus grande est *Pteropus rufus* qui pèse entre 500 et 750 g. D'autre part, certains animaux possèdent de grandes oreilles disproportionnées (ex : le genre *Nycteris*) alors que d'autres en ont de relativement courtes (ex : le genre *Miniopterus*). Certains groupes ont une structure faciale complexe comme les nez feuillus (ex : les genres *Triaenops* et *Hipposideros*) alors que les chauves-souris **frugivores** ont un museau allongé similaire à celui du chien, sans nez feuillus. Un groupe à part parmi les chauves-souris malgaches est le genre *Myzopoda*, il possède des structures en forme de ventouse au niveau de ses poignets et chevilles, lui servant à grimper le long des surfaces lisses et verticales comme celles des feuilles de l'arbre du voyageur, *Ravenala madagascariensis* (Figure 2).

Des variations considérables sont également observées concernant la queue, certains genres n'en possèdent pas du tout (ex : le genre *Rousettus*), d'autres en ont mais partiellement enveloppée dans la membrane appelée **uropatagium** (ex : le genre *Emballonura*) ou totalement recouverte de ladite membrane (ex : les genres *Myotis* et *Miniopterus*), d'autres encore ont une queue qui s'étend au-delà de l'uropatagium (ex : les genres *Mops* et *Chaerephon*). La majorité des espèces de chauves-souris malgaches ont une fourrure relativement fine et dense, dans des tons mats organiques, à l'exception de *Myotis goudoti* qui est d'un vif rouge-orangé. La partie du livre qui présente les différentes espèces des chauves-souris de Madagascar fournit les détails concernant leur identification et leur **morphologie** externe.

**Figure 2.** *Myzopoda aurita* utilisant des structures en forme de ventouse au niveau de ses poignets et chevilles pour grimper la surface des feuilles de l'arbre du voyageur, *Ravenala madagascariensis*. (Cliché par Merlin Tuttle.)

## ORIGINES

Madagascar s'est séparé du grand continent, **Gondwana**, il y a environ 160 millions d'années, et est arrivé à son emplacement actuel il y a environ 120 millions d'années (18). Le premier **fossile** de chauve-souris a été découvert dans des sédiments **Eocène**, à l'ouest de l'Amérique du Nord et date de 52 millions d'années (107). Ces dates sont importantes afin de comprendre l'**évolution** des chauves-souris et la **colonisation** initiale de Madagascar. Ainsi, étant donné que les données fossiles situent la première apparition des chauves-souris à environ 100 millions d'années après la séparation de Madagascar des autres masses terrestres, la seule explication plausible de la colonisation de l'île est qu'elles seraient venues en volant par delà les océans depuis d'autres régions de la planète dont les plus proches sont l'Afrique et l'Asie. Vu la distance qu'elles ont dû parcourir, comme les 400 km du Canal de Mozambique qui séparent Madagascar de l'Afrique, les chauves-souris trouvées à Madagascar devraient être logiquement d'excellentes voleuses pour avoir accompli à la fois la traversée des eaux et la colonisation de l'île. Mais ce n'est pas toujours le cas, car certains genres, tel qu'*Emballonura* qui est d'origine asiatique, sont **morphologiquement** moins adaptés

**Figure 3.** Large bloc contenant les **fossiles** de chauves-souris extrait de la Grotte d'Anjohibe au nord de Mahajanga. Au moins deux espèces de chauves-souris récupérées dans les dépôts de cette grotte ont disparu pendant ces derniers milliers d'années. (Cliché par Karen Samonds.)

aux longs vols, et leur venue à Madagascar reste encore difficile à expliquer.

Les données fossiles sur les chauves-souris de Madagascar sont très insuffisantes et seulement constituées des sédiments issus de matériel géologique récent. Les plus vieilles données attestant de la présence de chauves-souris à Madagascar sont les dépôts trouvés dans la grotte d'Anjohibe, au nord-est de Mahajanga, datant de la fin du **Pléistocène** il y a 26 000 ans (103). A l'échelle géologique, cela représente seulement quelques millisecondes, comparé aux 160 000 000 d'années nous séparant de la division du Gondwana ou des 52 000 000 d'années nous séparant de la première apparition des chauves-souris sur la planète. Mais même si les sédiments **subfossiles** d'Anjohibe sont récents, les os de chauves-souris qu'ils contiennent montrent que la faune de chauves-souris de Madagascar a subi des changements importants en peu de temps. Ces sédiments contiennent au moins deux **taxa** déjà **disparus** (*Triaenops goodmani* et *Hipposideros besaoka*), nommés à la suite de leur découverte dans la grotte et un autre étant localement **extirpé** (*Eidolon dupreanum*) (Figure 3).

La **biogéographie**, qui est l'étude de la **distribution** géographique des animaux et des plantes, nous permet de définir avec une certaine précision l'origine de quelques genres ou espèces de chauves-

souris malgaches. Par exemple, les genres *Eidolon* et *Neoromicia* sont actuellement limités au continent africain et à Madagascar. La meilleure explication de leur distribution actuelle est donc qu'ils proviendraient du continent africain et auraient **colonisé** Madagascar en traversant le Canal de Mozambique. D'autre part, le genre *Emballonura* est représenté par beaucoup d'espèces en Asie, deux à Madagascar et aucune en Afrique (Figure 4). La meilleure explication est qu'il s'agirait d'un genre originaire d'Asie qui a colonisé Madagascar en traversant l'Océan Indien occidental. Plusieurs genres de Madagascar sont trouvés en Afrique comme en Asie, leur origine biogéographique étant ainsi difficile à déterminer. La majorité des genres de chauves-souris de Madagascar sont probablement d'origine africaine.

**Figure 4.** Image d'*Emballonura tiavato*, un membre du genre largement réparti en Asie, mais encore inconnu en Afrique. Cette délicate chauve-souris de 3 g a été capable d'une manière ou d'une autre de se disperser sur de grandes distances entre l'Asie et Madagascar. Elle est inconnue des autres îles de l'Océan Indien occidental. (Cliché par Merlin Tuttle.)

# CLASSIFICATION ET DIVERSITE

Les chauves-souris appartiennent à la Classe des **Mammalia**, qui rassemble tous les **mammifères** existants ou disparus, et à l'Ordre des **Chiroptera** (Grec pur 'main-aile'). Il y a quelques années, les chauves-souris du monde entier ont été placées dans deux sous-ordres : les **Megachiroptera** (ou **mégachiroptères**) dans la famille des Pteropodidae qui rassemblent les chauves-souris **frugivores** de l'**Ancien Monde**, et les **Microchiroptera** (ou **microchiroptères**) qui sont composées de plusieurs familles. Des études récentes, faisant intervenir la **génétique moléculaire**, ont cependant remis en question cette **classification**. La génétique moléculaire est un domaine qui utilise des détails très précis sur l'**évolution génétique** de ces organismes. Les résultats issus de ces différentes études montrent quelques contradictions et plusieurs reclassements à des **niveaux supérieurs** (comme la position de certaines **familles**) ont été proposés. Ces aspects ont déjà été discutés en détail ailleurs et nous suivrons ici une classification de famille qui a été largement accepté (106). L'exception majeure concerne la sous-famille des Miniopterinae, qui a été placée classiquement dans les Vespertilionidae, mais après un travail plus récent, il a été replacé dans la famille des Miniopteridae (67, 68). Dans ce livre nous utilisons parfois les termes « microchiroptères » et « mégachiroptères », se référant à l'ancienne classification qui est plus pratique.

Jusqu'à récemment, la distinction des chauves-souris aux différents niveaux **taxonomiques**, allant de la **famille** à l'espèce, a été basée sur la forme des oreilles et du tragus, les caractéristiques du pelage et surtout sur la **morphologie** du crâne et des dents. Durant ces dernières décennies cependant, les études faisant intervenir la **génétique moléculaire** sont de plus en plus utilisées pour comprendre les aspects de l'histoire **évolutive** des chauves-souris, qui comprend leur **colonisation**, les processus de **spéciation** et l'identification des **espèces cryptiques**. Par exemple, une récente étude a établi la **phylogénie** moléculaire du genre *Pteropus* de l'Océan Indien occidental (71) et pratiquement de tous les membres du genre trouvés dans la région. Les analyses ont montré que ces espèces ne sont pas forcément des **espèces sœurs**, et que les représentants sont issus de deux groupes distincts indiquant deux événements de **dispersion-colonisation-spéciation**. Ceci signifie que pendant la **colonisation**, au lieu de former un modèle intuitif d'un **ancêtre** commun de ces chauves-souris colonisant par étapes les différentes îles, par exemple d'est en ouest, en partant de l'Asie, puis passant par l'Île Maurice, La Réunion, Madagascar et arrivant finalement aux Comores, soit certaines îles n'ont pas été colonisées, soit l'ancêtre commun a **disparu** après.

Un autre cas de l'utilité des études **génétiques moléculaires** s'est

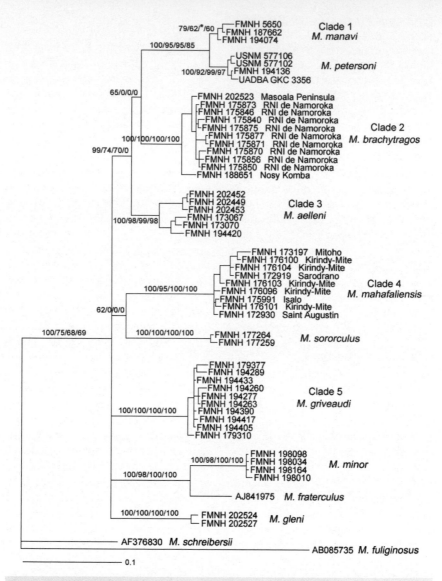

**Figure 5. Phylogénie** des membres malgaches du genre *Miniopterus* basée sur des études **génétiques moléculaires**. Cette figure illustre l'**évolution** présumée et l'**ancêtre** de *Miniopterus* de la population régionale, incluant *M. minor* et *M. fraterculus* d'Afrique, et aussi *M. schreibersii* et *M. fuliginosus* d'Australie. Les deux espèces *M. manavi* et *M. petersoni* sont un exemple d'**espèces sœurs**, toutes deux du même clade. *Miniopterus aelleni*, *M. brachytragos*, *M. griveaudi* et *M. mahafaliensis* étaient anciennement placées dans *M. manavi*, mais dans la plupart des cas, elles étaient de **clades** différents et représentaient des cas d'évolution **convergente** concernant leur **morphologie** externe similaire. (D'après Belinda Appleton.)

avéré dans l'étude de la petite et relativement répandue *Miniopterus manavi*. Cette espèce a été remarquée car elle présentait de nombreuses variations de taille et de coloration du pelage (17, 74). Récemment, une série d'études moléculaires (44, 45) a révélé que la véritable *M. manavi* est en réalité confinée dans les zones des Hautes Terres centrales, et que les anciennes définitions de cette espèce se réfèrent au moins à quatre espèces différentes (*M. aelleni*, *M. brachytragos*, *M. griveaudi* et *M. mahafaliensis*). Ce qui est fascinant et de grande importance dans ces découvertes, c'est que ces espèces n'ont pas de proches **ancêtres** (**paraphylétiques**) dans la majorité des cas (voir Figure 5) malgré leurs apparences similaires qui est le résultat d'une **évolution convergente**. Au niveau de différents sites, tels que Ankarana, Namoroka et Bemaraha, deux espèces au moins de l'ancienne *M. manavi* se trouvent simultanément dans la même grotte ou forêt.

Etant donné la ressemblance de taille et la forme de leur crâne et dents, la question se pose si elles se livrent à une **compétition** sur certaines ressources alimentaires, ou bien si elles arrivent d'une autre manière à partager ces ressources. Cette ségrégation peut se manifester éventuellement par un partage des **habitats** : une espèce peut par exemple chasser au niveau de la partie supérieure de la **canopée** et une autre au niveau des strates inférieures, ou alors l'une chasse dans la forêt et l'autre au niveau des lisières. Une autre possibilité est que certaines espèces qui vivent dans la même zone sont plutôt **généralistes** vis-à-vis de leur régime alimentaire, une autre manière de réduire la compétition.

## LES CHAUVES-SOURIS MALGACHES ET LEUR DISTRIBUTION

Les récents travaux sur la **distribution** et la **systématique** des chauves-souris malgaches ont mené à la découverte de nombreux **taxa endémiques** nouveaux pour la science et d'espèces africaines encore non répertoriées sur l'île. Lorsque Peterson *et al.* (74) ont publié leur monographie sur les chauves-souris de Madagascar, ils ont dénombré 27 espèces sur l'île, parmi lesquelles 16, ou 59%, sont considérées comme endémiques. Au moment de la réduction de ce texte (fin 2010), 43 espèces de chauves-souris sont répertoriées à Madagascar, dont 31, ou 72%, sont endémiques (Tableau 2).

Pour mettre ce niveau d'**endémisme** dans un contexte plus large, nous comparons Madagascar à d'autres îles dans le monde. Juste à côté de la Péninsule Malaisienne, Bornéo est la troisième plus grande île sur notre planète avec un peu plus de 700 000 km[2], comparée à Madagascar qui est la quatrième avec environ 587 000 km[2]. A Bornéo, 92 espèces de chauves-souris ont été répertoriées dont cinq, c'est-à-

**Tableau 2.** La faune moderne des chauves-souris répertoriées à Madagascar. Les informations sur la distribution de chaque espèce sont également présentées. Sur les 43 espèces connues, 31 ou 72% sont endémiques de Madagascar. Ceci constitue probablement le plus haut niveau d'endémisme enregistré dans le monde chez les chauves-souris pour une île tropicale.

| Famille | Espèces | Distribution |
|---|---|---|
| Pteropodidae | Eidolon dupreanum | Madagascar |
| | Pteropus rufus | Madagascar |
| | Rousettus madagascariensis | Madagascar |
| Hipposideridae | Hipposideros commersoni | Madagascar |
| | Triaenops auritus | Madagascar |
| | Triaenops furculus | Madagascar |
| | Triaenops menamena (ex. T. rufus) | Madagascar |
| Emballonuridae | Emballonura atrata | Madagascar |
| | Emballonura tiavato | Madagascar |
| | Coleura afra | Madagascar, Afrique et Moyen Orient |
| | Taphozous mauritianus | Madagascar, Afrique et de nombreuses îles de l'Océan Indien occidental |
| Nycteridae | Nycteris madagascariensis | Madagascar |
| Myzopodidae | Myzopoda aurita | Madagascar |
| | Myzopoda schliemanni | Madagascar |
| Molossidae | Chaerephon leucogaster | Madagascar et Afrique |
| | Chaerephon atsinanana | Madagascar |
| | Chaerephon jobimena | Madagascar |
| | Mops leucostigma | Madagascar et Comores |
| | Mops midas | Madagascar et Afrique |
| | Mormopterus jugularis | Madagascar |
| | Otomops madagascariensis | Madagascar |
| | Tadarida fulminans | Madagascar et Afrique |
| Vespertilionidae | Eptesicus matroka | Madagascar |
| | Scotophilus cf. borbonicus | Madagascar et La Réunion |
| | Scotophilus marovaza | Madagascar |
| | Scotophilus robustus | Madagascar |
| | Scotophilus tandrefana | Madagascar |
| | Pipistrellus hesperidus | Madagascar et Afrique |
| | Pipistrellus raceyi | Madagascar |
| | Hypsugo anchietae | Madagascar et Afrique |
| | Neoromicia malagasyensis | Madagascar |
| | Neoromicia capensis | Madagascar et Afrique |
| | Myotis goudoti | Madagascar |
| Miniopteridae | Miniopterus aelleni | Madagascar et Comores |
| | Miniopterus brachytragos | Madagascar |
| | Miniopterus gleni | Madagascar |
| | Miniopterus griffithsi | Madagascar |
| | Miniopterus griveaudi | Madagascar et Comores |
| | Miniopterus mahafaliensis | Madagascar |
| | Miniopterus majori | Madagascar |
| | Miniopterus manavi | Madagascar |
| | Miniopterus petersoni | Madagascar |
| | Miniopterus sororculus | Madagascar |

dire environ 5%, sont **endémiques** de l'île (73). La richesse spécifique de Bornéo est ainsi plus élevée par rapport à celle de Madagascar, mais le niveau d'endémisme y est par contre beaucoup plus faible. La gigantesque île d'Australie avec ses 7 682 000 km², plus de 12 fois de la superficie de Madagascar, compte environ 75 espèces de chauves-souris, parmi lesquelles 48, ou 64%, sont endémiques de l'île (111). Donc, même si les espèces présentes en Australie sont quasiment deux fois plus nombreuses que celles trouvées à Madagascar, le niveau d'endémisme y est plus faible. Ces comparaisons révèlent que Madagascar possède

**Figure 6**. Différents types de dispositifs sont utilisés pour capturer les chauves-souris pendant les récents travaux d'inventaires, incluant un appareil appelé piège harpe, capturant les animaux qui volent le long des sentiers. Cette photo a été prise sur le Plateau Mahafaly. (Cliché par Erwan Lagadec.)

un peu moins d'espèces de chauves-souris que les autres îles de taille sensiblement égale ou beaucoup plus grande, mais le niveau d'endémisme de Madagascar est extrêmement élevé, à un niveau encore inconnu sur les autres îles tropicales du monde. Ces observations montrent clairement que la faune des chauves-souris de Madagascar est unique sur Terre.

Les récents travaux d'inventaires ont souligné l'importance de la précision des informations sur la localité et l'utilité des **échantillons de référence** (Figures 6 & 7). L'arrivée d'appareils **GPS** à des coûts relativement bas avantage énormément les biologistes de terrain pour le relevé précis des coordonnées géographiques des sites d'observation et de capture. Ces données sont d'une grande importance lorsque de nouvelles données sur la faune des chauves-souris de l'île sont communiquées, car elles contribuent à éliminer les

**Figure 7**. Un outil très fréquent utilisé par les chercheurs de terrain pour capturer les chauves-souris est le filet japonais, qui est installé dans les endroits que les animaux empruntent en quête de nourriture ou à la sortie de leurs gites **diurnes**. La personne à droite est Beza Ramasindrazana, qui a effectué des recherches principalement sur le genre *Miniopterus*. (Cliché par An Bollen.)

doutes sur les informations du site et du problème de la similarité des noms des localités malgaches. Un exemple qui illustre parfaitement ce cas, concerne les données sur les chauves-souris compilées lors des travaux du biologiste suédois, Walter Kaudern, entre novembre 1911 et mars 1912. Plusieurs espèces ont été reportées dans la bibliographie comme provenant de l'île Sainte-Marie (74), mais bien que Kaudern ait réellement visité l'île Sainte-Marie lors de son voyage à Madagascar, ces données proviennent en réalité de Sainte-Marie de Marovoay dans la Province de Mahajanga (57).

Comme mentionné plus haut, cette dernière décennie a vu des progrès considérables sur la connaissance des chauves-souris de Madagascar, avec la découverte de nombreuses espèces nouvelles ou encore inconnues de l'île. Ces études **systématiques** ont été grandement facilitées par les nouveaux échantillons, qui portent les détails des sites de collecte et les différentes informations sur l'**écologie** et la **morphologie** des animaux capturés. D'autre part, vu les récentes découvertes d'espèces nouvelles et les modifications de la **taxonomie** des chauves-souris malgaches, associées avec le fait que de nombreuses espèces peuvent coexister dans les mêmes localités alors que leur morphologie externe ne varie que très subtilement, l'importance d'**échantillons de référence** déposés dans un muséum, devrait être soulignée. Ces remaniements taxonomiques récents impliquent que les désignations des espèces de chauves-souris malgaches citées dans les études antérieures, par exemple celles relatives à l'écologie ou à la **vocalisation**, sont incertaines car aucun échantillon de référence ou de tissu, comme de petits morceaux du **patagium**, n'a été prélevé pour leur identification. Ces spécimens sont tellement importants pour fournir d'archives des organismes étudiés, permettant la vérification de l'animal d'étude basé sur des études morphologiques ou de **génétique moléculaire**.

Les inventaires des chauves-souris réalisés à travers Madagascar (Tableau 3) montrent clairement que la **diversité** spécifique de l'est de l'île est moindre, surtout en milieux forestiers, par rapport à celle de l'ouest. Deux raisons au moins sont à l'origine de cette différence, les endroits incluant des roches **sédimentaires** érodées par l'eau, particulièrement calcaires ou gréseuses, présentent de nombreuses crevasses, des abris sous roche et des grottes, qui offrent des gîtes **diurnes** idéaux pour beaucoup d'espèces de chauves-souris (34) (Figure 8). La complexité des grottes (longueur, aspects des couloirs, taille de l'entrée, etc.) fournit différents **microhabitats** variés selon les préférences de chaque espèce (12). Les grandes étendues rocheuses sédimentaires sont communes dans la partie sèche de l'ouest de Madagascar, mais rares et très localisées à l'est. Deuxièmement, étant donné que les **microchiroptères** se nourrissent principalement d'insectes volants, les

**Figure 8**. La zone calcaire d'Ankarana présente un grand nombre de crevasses et de grottes de différentes longueurs et complexités, fournissant nombreux types de gîtes diurnes idéaux pour beaucoup d'espèces de chauves-souris. (Cliché par Harald Schütz.)

précipitations qui sont plus fréquentes et plus intenses à l'est, durant la saison pluvieuse, peuvent gêner leurs déplacements et la capture de **proies**.

Etant donné les habitudes de reclus et **nocturnes** des chauves-souris, elles ne sont pas facilement capturées. Ainsi, des inventaires sont absolument nécessaires pour documenter correctement les espèces de Madagascar. De nombreuses localités de l'île n'ont jamais été visitées par les **chiroptèrologues** et beaucoup restent à étudier. Dans le contexte de ces nouveaux inventaires, le travail de détail sera nécessaire, utilisant les études muséologiques classiques ou les études **génétiques moléculaires** plus modernes, pour identifier correctement les animaux capturés. Entre les 15 années séparant la publication de la monographie de Peterson *et al.* (74)

et celle du présent livre, ce type de travail a permis des avancements énormes sur la connaissance des espèces et sur leurs **distributions** à Madagascar et également au niveau régional. Sur les 43 espèces de chauves-souris actuellement reconnues à Madagascar, 14 ont été tout récemment décrites comme nouvelles pour la science et cinq sont des **taxa** africains qui ont été jusque-là inconnues de l'île. Donc, les inventaires récents et les études **systématiques** associées ont eu une influence majeure sur les mesures de richesse spécifique et d'**endémisme** à Madagascar. Mais alors que les découvertes d'espèces nouvelles à la science diminueront certainement, d'autres taxa, surtout les **espèces cryptiques**, restent encore à découvrir et à décrire.

## REGIME ET COMPORTEMENT ALIMENTAIRES ET UTILISATION DE L'HABITAT

Au cours de cette dernière décennie, de nombreuses recherches sur le comportement alimentaire des chauves-souris malgaches ont été menées. Ces projets ont donné des informations intéressantes sur leur **régime alimentaire**, leur activité sur la **pollinisation** des arbres à fleurs et leurs **adaptations** à exploiter les plantes **introduites**. Ces études sont basées sur les observations directes des animaux en train de visiter les plantes (**pollinisateur**), et sur d'autres techniques moins directes comme l'étude des restes de nourriture

récoltés à partir d'**éjecta** ou de matières fécales. Aucune espèce de chauves-souris à Madagascar n'est strictement **sanguinivore** et certaines espèces sont occasionnellement **carnivores**. Seulement quelques détails sont présentés ici, et les informations sur les régimes alimentaires des différentes espèces se trouvent dans la deuxième partie « Description des espèces ».

La chauve-souris **frugivore**, *Eidolon dupreanum*, se nourrit du nectar de deux baobabs **endémiques** : *Adansonia grandidieri* et *A.*

suarezensis, et elle visite ces arbres au moment de la floraison et au pic de production de nectar. Cette chauve-souris est partiellement responsable de la **pollinisation** de ces baobabs (3).

Les espèces de **mégachiroptère**, ainsi que *Pteropus rufus* et *Rousettus madagascariensis*, se déplacent librement entre les **habitats anthropogéniques** et les forêts naturelles, et se nourrissent principalement d'une grande variété d'espèces des plantes **introduites** ou **exotiques**, spécifiquement les pollens, la végétation et les fruits (3, 63, 75, 79, 91) (Figure 9). Elles consomment par exemple les espèces du genre *Eucalyptus*, qui possèdent pourtant de nombreux composants chimiques secondaires, et la question qui se pose est comment ces animaux font pour **métaboliser** ces composés chimiques potentiellement toxiques ? Cela démontre un certain niveau d'**adaptabilité** aux habitats associés à la **dégradation** humaine de l'**environnement** naturel. Un travail récent sur la structure de l'œil de trois espèces de mégachiroptères malgaches indique que *Pteropus* peut voir la couleur, contrairement à *Eidolon* et *Rousettus* qui ne distinguent pas les couleurs, ceci répondant à la question de comment localisent-elles certaines plantes alimentaires (70).

**Figure 9**. Les chauves-souris **frugivores** fournissent un service **écologique** indispensable dans la **dispersion** des graines et donc dans la **régénération** des plantes forestières. Les jeunes plantes et les milliers de petites graines blanches sur le sol sont le résultat direct de l'action d'*Eidolon dupreanum* qui consomme des fruits, fait passer les graines par son estomac, et puis les défèque loin de l'endroit où elle les a avalées à l'origine. (Cliché par Merlin Tuttle.)

Une analyse sur les habitudes alimentaires de *Hipposideros commersoni*, la plus grande chauve-souris insectivore à Madagascar qui a de grandes dents écrasantes et des mandibules puissantes, établit que les scarabées, surtout les grandes et durs, composent la plus grande partie de son **régime alimentaire** (82). Une étude conduite sur différentes espèces de Molossidae dans la région d'Andasibe a rélévé que les Coleoptera (les scarabées), Hemiptera (les punaises), Lepidoptera (les papillons) et Diptera (les mouches) sont les sources de nourriture les plus importantes pour *Mops leucostigma*, *Mormopterus jugularis* et *Chaerephon pumilus* [= *atsinanana*]. Ces groupes d'insectes consommés varient notablement selon les espèces et souvent suivant les saisons, particulièrement pour les coléoptères (87).

Des questions relatives à l'utilisation de l'**habitat** par les chauves-souris ont été abordées dans un certain nombre d'études et notamment si les espèces de chauves-souris malgaches sont réellement **dépendantes** de la forêt. En ce qui concerne la partie occidentale de l'île, un certain nombre d'espèces sont trouvées dans les grottes à une distance considérable de la forêt naturelle encore relativement intacte et probablement en dehors de leur **domaine vital**. Par définition, ces espèces devraient être classées comme non dépendantes de la forêt naturelle (34).

Des zones de végétation existent à proximité de ces grottes, généralement composées d'un mélange de végétation naturelle **dégradée** et **introduite**. Les espèces habitant ces zones ne devraient pas être considérées comme strictement dépendantes de la forêt. A Bemaraha, les activités des chauves-souris sont significativement plus faibles dans la forêt, par rapport à celles trouvée à l'**écotone** entre la savane **anthropogénique** et la forêt naturelle (59), et aucune espèce locale ne peut être démontrée comme étant dépendante de la forêt d'après la définition énoncée plus haut. Une récente étude menée dans la région de Mantadia-Analamazaotra a analysé l'utilisation de l'habitat par les chauves-souris **insectivores** (87). Quatre espèces ont été capturées dans la forêt humide **sempervirente** relativement intacte (*Myotis goudoti*, *Miniopterus* « manavi », *M. majori* et *Emballonura atrata*), deux dans des zones agricoles (*Eptesicus matroka* et *Neoromicia capensis*) et une (*Rousettus madagascariensis*) dans des plantations d'*Eucalyptus*. *Myotis goudoti* est celle qui présente la plus forte association avec la forêt humide sempervirente intacte, bien qu'elle ait été rencontrée dans des zones éloignées de végétations naturelles intactes. Ces différentes études révèlent que peu d'espèces de chauves-souris malgaches dépendent véritablement de la forêt naturelle durant leur **cycle de vie** entier, mais que certaines espèces utilisent plutôt des espaces de végétation à différents niveaux de dégradation pour différents aspects.

## ECHOLOCATION

L'**écholocation** est l'utilisation du **sonar** actif, l'animal émet un son et en capture les échos qui rebondissent sur les objets présents (**proie**, **prédateurs** ou obstacles). Dans le cas des **microchiroptères**, le son est en général produit par le **larynx** et émis par la bouche ouverte, ou plus rarement par le nez. Dans le cas de *Rousettus*, l'unique **mégachiroptère** connu utilisant l'écholocation, le son est produit par le claquement de la langue contre le palais. Alors que la majorité des **mammifères** utilisent la vision pour voir le monde qui les entoure, ces différentes chauves-souris utilisent l'écholocation pour s'orienter et se déplacer, même dans obscurité totale. La distance est estimée par l'intervalle de temps entre le son émis par l'animal et les échos qui retournent au cerveau de l'animal par l'intermédiaire des oreilles, suite au rebondissement du son sur l'**environnement** (Figure 10). L'intensité relative du son perçu par chaque oreille fournit les informations sur la distance et la trajectoire d'un objet donné. Les chauves-souris qui se servent de l'écholocation possèdent deux oreilles légèrement séparées l'une de l'autre. Ces oreilles qui perçoivent les échos à des moments décalés et à différentes intensités, selon la position de l'objet. Les animaux utilisant l'écholocation emploient les aspects du temps et le volume pour avancer, spécifiquement

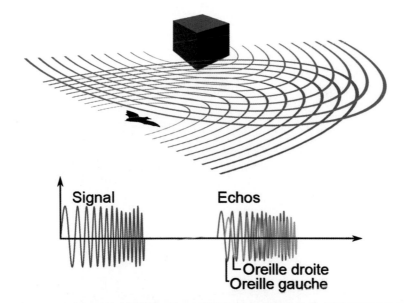

**Figure 10**. Diagramme montrant la façon dont une chauve-souris émet un signal ultrasonique, puls reçoit différemment avec les oreilles gauche et droite les échos provenant d'un objet situe à proximité. (D'après http://en.wikipedia.org/wiki/Animal_echolocation.)

estimer la distance, la direction et la taille d'un objet. Chez certaines chauves-souris, telles que les Vespertilionidae et les Miniopteridae, une petite structure appelée **tragus** (voir Figure 20), située à la base externe de l'oreille, crée une sorte d'interférence aux échos perçus, ce qui leur permet d'estimer la distance d'un objet par rapport à la surface du sol.

Les chauves-souris sont des animaux **nocturnes**, elles sortent de leurs gîtes **diurnes** au crépuscule ou durant la nuit pour chasser les insectes. Chez les espèces qui vivent dans les grottes, comme les membres du genre *Rousettus*, l'écholocation leur permet de s'orienter pour sortir et rentrer de ces galeries souterraines plongées dans l'obscurité totale. Chez les **microchiroptères insectivores**, la faculté de détecter les **proies** volantes, de les suivre de près et de les capturer, constitue une **adaptation** évolutive majeure pour l'exploitation des insectes nocturnes qui sont abondants et pourtant délaissés par les autres animaux (engoulevents, hiboux, etc.)

Les hommes perçoivent les fréquences sonores situées entre 20 Hz et 20 000 Hz. Les chauves-souris perçoivent entre 14 000 Hz et jusqu'à plus de 100 000 Hz, c'est-à-dire bien au-delà de celles perceptibles à l'oreille humaine. Dans la plupart des cas, chaque espèce émet ses cris à une fréquence bien précise. Ceci fournit un excellent outil aux chercheurs pour l'identification des **taxa** présents dans un site donné. Un appareil ultrasonique appelé « **bat detector** » est utilisé pour enregistrer les cris des chauves-souris qui sont ensuite comparés à d'autres appels déjà enregistrés correspondants aux **vocalisations** d'espèces déjà identifiées. Les chauves-souris possèdent également une gamme de différentes sortes de vocalisations dont quelques unes peuvent être audibles à l'oreille humaine.

L'étude des cris des chauves-souris constitue un domaine d'étude particulière. Elle donne des aperçus incroyables concernant les techniques de prédation employées par les chauves-souris et les moyens d'esquives utilisés par les proies, plus particulièrement les papillons de nuit.

Le premier dictionnaire de référence des cris des chauves-souris malgaches a été établi à partir de l'identification sur terrain des chauves-souris capturées et relâchées, sans comparaisons aux **échantillons** ou **tissus** de référence (100). Cependant, avec toutes les nouvelles espèces nommées ces dernières années et les taxa africains récemment découverts sur l'île, ce dictionnaire nécessite quelques modifications, ce qui a déjà commencé (60). Dans la Partie 2 de ce livre, nous présentons quelques informations sur des vocalisations de chauves-souris basées sur les variables **Fmax** = Fréquence maximale (kHz) ou **FmaxE** = Fréquence contenant le maximum d'énergie (kHz).

## REPRODUCTION

De nombreux articles scientifiques ont été consacrés à la **reproduction** des chauves-souris, mais peu de détails précis sont disponibles sur les espèces malgaches. Etant donné que ce sont des **mammifères**, de nombreux aspects de leur reproduction sont similaires à ceux des humains, avec bien évidemment des particularités sur lesquelles nous allons nous concentrer. Les chauves-souris figurent parmi les mammifères les plus lents à se reproduire relativement à leur taille. Certains **taxa** n'engendrent qu'un unique petit pendant la saison de reproduction, et pour certaines espèces, la reproduction ne débute que vers l'âge de 2 ou 3 ans. Un aperçu général de la reproduction des chauves-souris est présenté ci-après (77).

Chez les femelles, deux modèles de cycles **œstraux** sont observés : 1) une unique grossesse et un unique accouchement durant une saison de reproduction estivale limitée, modèle désigné sous le nom de **mono-œstrus** qui est le plus répandu chez les chauves-souris, et 2) des grossesses et naissances multiples durant une saison de reproduction limitée, modèle appelé **poly-œstrus** qui se retrouve chez les Pteropodidae et les Molossidae. La majorité des naissances implique un unique petit, bien que des jumeaux aient été cités pour quelques membres malgaches de la famille des Vespertilionidae, en particuliers chez *Eptesicus* et *Pipistrellus*.

Pour beaucoup d'espèces, le jeune est mis bas au moment où la nourriture est la plus abondante, c'est-à-dire durant l'abondance des fruits pour les **mégachiroptères** et des insectes pour les **microchiroptères**. Cette stratégie permet à la mère d'avoir suffisamment de nutriments pour la production de lait, et aux jeunes de survivre pendant au moins les premiers moments de leur vie partiellement indépendants de leurs mères. Ceci est d'une importance capitale, surtout dans les régions où les précipitations sont très irrégulières, comme au niveau de la forêt sèche de l'ouest de Madagascar, en comparaison des régions à climat moins marqué comme celui des forêts humides **sempervirentes** de l'est.

Sous les **tropiques**, les femelles emploient différents systèmes compliqués pour garantir la naissance de leur descendance à la période appropriée.

1) *Le stockage du sperme*. Après l'**accouplement**, les spermatozoïdes sont emmagasinés et gardés dans l'utérus ou les oviductes des femelles. Ces dernières n'**ovulent** qu'après avoir perçu les signes de meilleures conditions environnementales, comme le réchauffement de la température ou le début de la saison pluvieuse, et ce n'est qu'après que les œufs seront fécondés. Des cas où du sperme a été stocké dans les organes génitaux femelles pendant sept mois ont été déjà observés ! Cette technique est constatée chez certains membres africains de la famille des Vespertilionidae et des

Miniopteridae et probablement chez les membres malgaches vivant dans les régions sèches en particulier.

2) *Implantation retardée.* Après l'**ovulation**, la copulation et la fécondation, l'implantation de l'œuf ne se produit pas immédiatement mais est reportée jusqu'aux premières indications environnementales désignant le moment favorable à l'implantation et aux développements subséquents. En d'autres termes, les femelles ont la capacité de préserver et de garder vivant dans leurs utérus des œufs féconds totalement libres. Cette stratégie a été observée chez les espèces **tropicales** appartenant à certains membres de la famille des Pteropodidae, des Hipposideridae, des Miniopteridae et des Vespertilionidae, et est probablement utilisée par les membres malgaches de ces mêmes familles.

3) *Développement retardé.* Dans ce cas, la fécondation et l'implantation se produisent dans l'utérus, mais la croissance de l'embryon est retardée jusqu'à ce que la femelle perçoive un certain indice environnemental favorable à son développement. Des cas ont été reportés où le développement de l'embryon est retardé de plusieurs mois. Des membres africains des familles des Vespertilionidae et des Miniopteridae utilisent ce système, qui est probablement retrouvé chez des taxa malgaches.

La période de **gestation** des chauves-souris varie largement à travers le monde, mais elle dure autour de 60 jours dans la majorité des cas, et beaucoup plus longtemps chez les espèces qui utilisent les techniques de l'implantation et du développement embryonnaire retardés. En général, les femelles accouchent dans une position légèrement horizontale en s'accrochant avec les griffes des orteils et la griffe d'une aile. Une fois que le petit sort, il est rattrapé et tenu par la membrane de la queue (**uropatagium**) et de l'aile pour ne pas tomber au sol. Dès que le petit a suffisamment de force, il s'agrippe à sa mère à l'aide de ses **dents de lait** et grimpe jusqu'aux mamelons et commence à s'**allaiter**. Le lait des chauves-souris est très calorique. Dans la majorité des cas, après l'**accouplement**, le mâle ne s'occupe pas de l'élevage du jeune, l'entretien

**Figure 11.** Femelle *Rousettus obliviosus* des Comores en plein vol, **espèce sœur** de *R. madagascariensis*, portant un nouveau-né accroché sur sa poitrine. (Cliché par Manuel Ruedi.)

et l'alimentation du petit incombent à la femelle.

Après la naissance des petits, les femelles utilisent différentes stratégies pour élever, nourrir et prendre soin de leur progéniture. Durant plusieurs semaines après leur naissance, les petits s'accrochent en dessous de leur mère respective, qui les porte pendant qu'elles volent et cherchent leur nourriture (Figure 11). Quand les jeunes deviennent trop lourds et gênent le vol de leur mère, ils sont laissés dans leur gîte. Chaque femelle visite le gîte plusieurs fois durant la nuit pour nourrir son petit, le jour, ils restent ensemble. Pour les espèces qui vivent en groupe, les colonies peuvent être exclusivement composées de femelles et de leurs petits, connus comme étant des **colonies de maternité**. Lorsque les femelles sortent chasser, les jeunes sont laissés dans les **crèches** (Figure 12). A Madagascar, ceci est observé chez *Hipposideros commersoni*, mais ce cas n'est probablement pas si rare chez les autres espèces malgaches. Les femelles retournant aux crèches sont capables de localiser leur progéniture respective, vraisemblablement grâce aux subtiles **vocalisations** spécifiques à chaque petit.

Différents modes d'**accouplements** ont été observés chez les chauves-souris, mais la **monogamie** est pratiquement inconnue. Le mode le plus commun est celui des mâles possédant de nombreuses femelles,

**Figure 12.** Une crèche de *Mormopterus jugularis* dans la grotte d'Andrafiabe, Ankarana. La plupart des individus avec les poils fins sont des jeunes qui attendent le retour de leurs mères pour être allaités. Dans la partie inférieure gauche de l'image, on peut voir une femelle adulte qui a un pelage plus long, un ventre blanc et des mamelles gonflées de lait. (Cliché par Harald Schütz.)

ceci est désigné sous le nom de **polygynie**. Des femelles sont souvent observées autour d'un mâle dominant dans les gîtes **diurnes**, formant une sorte de **harem**. Ceci est rencontré chez différentes espèces de Molossidae malgaches, comme *Otomops* et *Mops*.

Quelques femelles de chauves-souris malgaches, comme chez *Hipposideros* et *Triaenops*, possèdent des structures supplémentaires ressemblant à des mamelles, juste au-dessus des organes sexuels. Les chiroptèrologues ont souvent débattu de leur fonction, et quelques évidences ont été établies comme quoi elles peuvent produire du lait et que, du moins, elles constituent des points d'arrimage pour les jeunes (105).

La plupart des informations concernant les modes et stratégies de **reproduction** des chauves-souris de Madagascar ne sont pas encore connues. Étant donné la **diversité** écologique de l'île et les variations des modèles de température et pluviométrique, il est certain qu'il reste encore bien des choses à découvrir sur la reproduction chez les chauves-souris. Les questions relatives aux espèces à large **distribution** et leurs **adaptations** aux conditions locales sont d'un très grand intérêt et conduiront certainement à de nombreuses autres questions.

## COMPORTEMENT LIE AU GITE

Durant le jour, alors que les chauves-souris ne sont pas actives, elles cherchent des abris pour se protéger du soleil, du vent, des fluctuations climatiques et des **prédateurs**. Ces abris sont appelés gîtes **diurnes** et constituent probablement un important facteur limitant pour la croissance de la **population** de certaines espèces. Les individus qui occupent des gîtes non conformes sont exposés au soleil, au vent et aux prédateurs et risquent d'avoir une durée de vie plus courte.

Une variété considérable de gîtes **diurnes** est utilisée par les chauves-souris malgaches. Ces gîtes peuvent être situés : 1) dans la végétation, comme à l'intérieur de feuilles enroulées (ex : *Myzopoda*) ou en dessous de grandes feuilles (ex : *Hipposideros*), suspendus dans les arbres (ex : *Pteropus*) ou parmi les feuilles séchées souvent denses des palmiers (ex : *Eidolon*, *Mops*,

**Figure 13**. Un grand nombre d'espèces de chauves-souris malgaches construisent leurs gîtes diurnes dans les trous des troncs d'arbres. Cette colonie de *Mops midas* occupe un arbre dans un village de Nosy Be. (Cliché par Eddy Rakotonandrasana.)

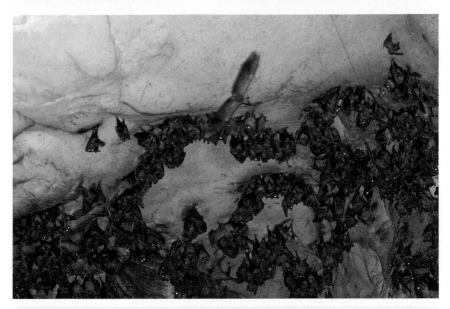

**Figure 14**. La grande chauve-souris **frugivore** *Eidolon dupreanum* occupe un certain nombre de sites pour son gîte **diurne**. Les **yeux luisants** sont l'effet de la réflexion de la lumière sur la rétine de ces chauves-souris (Cliché par Merlin Tuttle.)

*Scotophilus*) ; 2) dans les parties creuses des troncs d'arbres ou des branches (ex : *Mops midas*) (Figure 13) ; 3) sous l'écorce des arbres (ex : *Chaerephon leucogaster*) ; 4) dans des crevasses des façades des falaises (ex : *Eidolon, Mormopterus, Mops*) ; 5) à l'intérieur des abris sous roche ou des plus grands systèmes de grottes (ex : *Rousettus, Triaenops, Emballonura, Otomops*) (Figures 14 & 15) ; et 6) dans des structures humaines, comme les greniers des maisons (ex : beaucoup

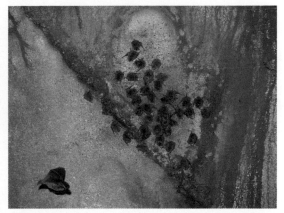

**Figure 15**. Dans plusieurs cas, des espèces différentes peuvent occuper le même gîte **diurne**. Sur cette photo, dans un abri sous roche sur la Péninsule de Masoala, une colonie de *Myotis goudoti* est associée avec quelques individus d'*Emballonura atrata* et une espèce non décrite de *Miniopterus*. (Cliché par Manuel Ruedi.)

**Figure 16.** Plusieurs espèces des Molossidae utilisent des constructions humaines pour leur gîte **diurne**. Sur cette image, deux espèces différentes de cette famille occupent le grenier d'une école aux Comores. (Cliché par Manuel Ruedi.)

de Molossidae) (Figure 16), les crevasses et les cavités entre les briques ou d'autres matériaux de construction (ex : *Pipistrellus raceyi*), sous les ponts (ex : *Mormopterus*) et dans les canalisations (ex : *Miniopterus*) (2, 27).

Beaucoup de gîtes dans les constructions humaines imitent les conditions naturelles des gîtes **diurnes** de certaines espèces, telles que les grottes ou les crevasses des rochers. L'exception majeure est la température, qui est beaucoup plus élevée sous la tôle métallique des maisons en

**Figure 17.** Colonie de *Myzopoda schliemanni* dans son gîte **diurne** composé de feuilles mortes encore attachées du palmier *Bismarckia nobilis*. Ces animaux se perchent la tête en haut, ce qui est un comportement rare chez les chauves-souris. Ce phénomène est associé à la ventouse des membres de genre *Myzopoda*. (Cliché par Amyot Kofoky.)

compáraison avec celle à l'ombre des grottes et des crevasses rocheuses. Sur l'île, la progression des constructions au cours de ces 100 dernières années a considérablement multiplié le nombre de gîtes **diurnes** disponibles, plus spécifiquement au sein des architectures du style des locaux administratifs ou des écoles publiques avec des greniers. De grandes **populations** de chauves-souris, particulièrement les membres de la famille des Molossidae, utilisent ces structures pour leur gîte **diurne**. Peu de villages ou de villes des régions des basses altitudes ne connaissent ces animaux occupant le toit des écoles ou des hôpitaux. Leur présence est révélée par leur odeur âcre caractéristique, par les traces d'urine sur les murs et par les bruits qu'ils produisent dans les greniers durant le jour.

**Figure 18.** Colonies de certaines espèces dans leur gîtes **diurnes** peuvent souvent être étroitement très proches les unes des autres. C'est le cas de la colonie de *Miniopterus gleni* trouvée dans un abri sous roche sur la Péninsule de Masoala. Les petits insectes rampant dans la fourrure sont des ectoparasites propres aux chauves-souris. (Cliché par Manuel Ruedi.)

Une des plus étonnantes découvertes concernant le comportement de perchage des chauves-souris malgaches est celle de la fonction des fameuses « ventouses » des individus de la **famille endémique des** Myzopodidae qui comptent deux espèces dans le genre *Myzopoda*. Une étude récente a révélé que contrairement aux idées reçues, les coussinets présents au niveau de leurs ailes et des pattes et qui leur servent à s'accrocher aux surfaces lisses verticales, fonctionnent par adhésion humide et non par succion comme pour une ventouse (98). En outre, *Myzopoda* se perche la tête en haut, contrairement aux autres espèces de chauves-souris qui s'accrochent la tête en bas, ce qui suppose un détachement rapide quand l'animal rampe le long des surfaces (Figure 17).

Le nombre d'individus vivant dans un type de gîte **diurne** donné est variable, allant des individus solitaires aux colonies très importantes (Figure 18). Les groupes de *Pteropus* qui se perchent dans les arbres peuvent atteindre plusieurs milliers d'individus (54). Tenter d'obtenir de bonnes estimations des individus qui gîtent au niveau des structures souterraines peut s'avérer ardu à cause de l'existence de nombreuses sorties, souvent de grandes tailles qui rendent difficile la mise en place d'un système de comptage efficace. Une étude a été conduite à l'extrême sud de Madagascar, pour laquelle des pièges installés au niveau d'une étroite ouverture à la sortie d'un système souterrain ont permis la capture de trois différentes espèces de Hipposideridae (*Triaenops menamena*, *T. furculus* et *Hipposideros commersoni*), représentées par plus de 50 000 individus (72).

Peu d'informations sont disponibles concernant la fidélité à un gîte **diurne**,

c'est-à-dire si un individu ou un groupe donné retourne souvent dans le même gîte. En outre, l'utilisation régulière ou la réutilisation d'un gîte pourrait varier suivant les sexes, les saisons ou les classes d'âges. Six gîtes de *Pteropus rufus* ont été étudiés pendant une année dans la vallée de la rivière Mangoro. Entre les différentes visites des gîtes, des variations considérables ont été relevées concernant le nombre d'animaux qui y séjournent, ce qui implique vraisemblablement des mouvements importants entre les gîtes (54).

## PREDATEURS

Comme décrit précédemment, les chauves-souris attrapent leurs **proies** en vol, mais elles courent en même temps le risque d'être mangées par leurs **prédateurs**. Cela fait partie du **cycle de vie** naturel des chauves-souris, qui les aide à garder les niveaux de **population** et fait partie également des interactions trophiques pour la maintenance des interactions subtiles au sein des **écosystèmes**. A Madagascar, différentes sortes d'animaux consomment les chauves-souris. Comme l'observation directe de la capture des chauves-souris par leurs prédateurs est un évènement très rare, d'autres méthodes sont utilisées pour connaître la nourriture d'un prédateur éventuel. Dans le cas des prédateurs **mammifères**, principalement chez les **Carnivora**, des restes d'os de chauves-souris peuvent être reconstitués et identifiés

à partir des **fèces** ; chez les **rapaces**, des restes d'os et de pelage indigestes sont trouvés dans des pelotes de régurgitation.

Différentes études sur le **régime alimentaire** des hiboux de Madagascar ont été réalisées, et la plupart des espèces de moyenne à grande taille se nourrissent au moins occasionnellement de chauves-souris. La Chouette Effraie (*Tyto alba*), par exemple, chasse les chauves-souris dans différents **environnements** (Figure 19).

Près de la forêt humide **sempervirente** d'Andasibe, deux espèces de chauves-souris, *Mormopterus jugularis* et *Mops midas*, sont rares dans le régime alimentaire de cet hibou, comme *Taphozous mauritianus* dans le **bush épineux** du sud-est (33).

Le long de la rivière Onilahy, près des Sept Lacs, la Chouette Effraie se nourrit régulièrement de chauves-souris, dont *Mormopterus jugularis*, *Chaerephon leucogaster*, *Mops leucostigma* et *Otomops madagascariensis*, qui constituent une importante part des proies consommées durant la saison sèche (90). Nombreuses façades sédimentaires exposées sont trouvées à côté de l'Onilahy et comptent certainement d'importantes **populations** de chauves-souris.

Un autre exemple particulier de la prédation de la chouette effraie sur les chauves-souris est observé à proximité d'Antonibe, où gîte la plus petite **frugivore** *Rousettus madagascariensis*. Cette espèce qui pèse un peu plus de 62 g, représente approximativement 80% des individus totaux et de la **biomasse** des restes des proies trouvées dans les pelotes de régurgitation (28).

Un cas extraordinaire a été relevé à Berenty, à l'extrême sud, où le rapace **diurne** Polyboroïde Rayé (*Polyboroides radiatus*) est suspecté de chasser le grand **mégachiroptère** *Pteropus rufus* avec son poids variant de 500 à 750 g (30). D'autre part, de nombreuses observations sont rapportées concernant le Milan des Chauves-souris (*Machaeramphus alcinus*) se nourrissant de ces animaux au crépuscule lorsque ces derniers quittent leurs gîtes **diurnes**. Ce faucon est un **spécialiste** des chauves-souris.

Parmi les **Carnivora** non-**introduits** de Madagascar, la

**Figure 19**. La Chouette Effraie, *Tyto alba*, est souvent un **prédateur** important des différents types de chauves-souris malgaches. Dans certains endroits et au cours des différentes saisons, les chauves-souris peuvent constituer une grande partie du **régime alimentaire** de cet hibou. (Cliché par Harald Schütz.)

prédation sur les chauves-souris est bien documentée, et elle n'est apparemment jamais fréquente. Par exemple, au Lac Tsimanampetsotsa, *Galidictis grandidieri*, qui est localement **endémique**, consomme occasionnellement *Hipposideros commersoni* (7). Alors que les analyses des milliers de **fèces** du plus grand Carnivora de Madagascar, *Cryptoprocta ferox*, n'ont jamais révélé l'existence de chauves-souris dans son régime alimentaire (19, 51).

## AVANTAGES ECONOMIQUES ET ECOLOGIQUES DES CHAUVES-SOURIS

Les chauves-souris offrent des services économiques et écologiques importants qui ne sont généralement pas appréciés à leurs justes valeurs. Ces services touchent, entre autres, des aspects importants sur le fonctionnement d'un **écosystème** associé avec la **chaine alimentaire**, comme la réduction des insectes réservoirs de nombreuses maladies infectieuses. Les recherches récentes réalisées dans les **Tropiques** du **Nouveau Monde** ont révélé le rôle décisif des chauves-souris **insectivores** dans le contrôle des **populations** des arthropodes, qui sont directement responsables du contrôle des **herbivores** dans les forêts tropicales ou au niveau des zones agricoles locales (56, 114).

L'exemple des Molossidae de Madagascar illustre parfaitement ce fait, car ces chauves-souris consomment une grande **diversité** d'insectes qui sont pour la plupart des pestes agricoles à l'origine de dégâts et de pertes économiques importants (5). Leur présence réduit ainsi la nécessité d'apporter davantage d'insecticides, ce qui en retour profite à la santé publique et épargne l'économie des agriculteurs. De nombreuses chauves-souris se nourrissent en grande partie de moustiques et de mouches qui sont responsables du transfert de nombreuses maladies aux humains, elles contribuent ainsi à la réduction des pertes en vies humaines, des traitements médicaux et des dépenses afférentes.

Une autre forme d'avantage économique des chauves-souris consiste en la collecte de leur **guano** qui est largement utilisé comme engrais. Decary (15) a mentionné que cette ressource n'a pas été commercialement exploitée durant la période coloniale française, sauf très localement. Mais ces dernières années, la société Guanomad (www.guanomad.com), basée à Antananarivo, a entrepris l'exploitation commerciale à grande échelle des dépôts de guano à travers l'île. Cependant, alors que ce produit constitue véritablement un fertilisant biologique de haute qualité, riche en azote et en éléments chimiques divers, les agents pathogènes potentiels qu'il peut véhiculer, comme les virus et les champignons, ne sont pas connus. Par ailleurs, à notre connaissance, les études d'impact environnemental relatives aux sites d'exploitation, particulièrement au niveau des **écosystèmes cavernicoles** n'ont pas encore été réalisées.

## LES CHAUVES-SOURIS DANS LA TRADITION MALGACHE

A Madagascar, de nombreuses localités portent un nom relatif aux chauves-souris. Par exemple, la ville d'Ampanihy qui veut dire « lieu où

se trouvent des chauves-souris »,
ou encore Manampanihy qui veut
dire « lieu qui possède des chauves-
souris ». Curieusement, à la Réunion
où les chauves-souris **frugivores**
ont toutes été exterminées par la
chasse, une localité est appelée
« Manapany ».

Par ailleurs, les chauves-souris
sont citées dans de nombreux contes
et légendes venant de différents
groupes culturels malgaches. Voici un
conte Bara qui explique pourquoi les
chauves-souris se perchent la tête en
bas (15).

« Autrefois, Zanahary (Dieu), après
la création du monde, convoqua
toute la gent ailée pour une
grande assemblée. Chaque famille
envoya des représentants, et la
roussette ou *fanihy*, qui était vielle
et fatiguée, se fit remplacer par dix
de ses jeunes enfants. Après la
réunion, chacun se dispersa pour
rentrer chez soi, mais les jeunes

roussettes, séduites par la liberté
à laquelle elles avaient goûté pour
la première fois, ne regagnèrent
pas le domicile commun. Inquiet,
le père se rendit chez Zanahary
mais il fut plutôt mal reçu et ne
put obtenir aucun renseignement.
Furieux, il partit alors en accusant
Dieu d'être responsable de la
disparition et peut-être de la mort
de ses enfants. Revenu chez lui,
il rassembla sa tribu : « Zanahary
nous a trompé ; c'est par sa faute
que nos enfants sont morts ;
désormais nous ne reconnaîtrons
plus son autorité, et pour le lui
prouver, jamais plus nous ne
regarderons vers lui ; il comprendra
alors son injustice ». C'est depuis
cette époque que les roussettes,
toujours révoltées, narguent la
divinité en se suspendant aux
arbres par les pattes, la tête en
bas, pour regarder vers la terre et
non plus vers le ciel ».

## PERSECUTIONS ET CHASSE PAR L'HOMME

A Madagascar, plusieurs espèces
de chauves-souris font l'objet de la
persécution humaine, que ce soit
comme gibier, ou par la destruction
méthodique des **populations** à
cause des nuisances qu'elles peuvent
occasionner. Dans ce dernier cas, les
hommes les considèrent comme des
pestes animales quand elles gîtent en
grand nombre dans les constructions
humaines, où leurs déjections,
urines et **ectoparasites** constituent
au mieux une source d'irritation, au
pire, une nuisance à la santé des

habitants. Beaucoup de gens qui
pratiquent l'arboriculture fruitière,
particulièrement celle du litchi, piègent
les chauves-souris **frugivores** qui
mangent les fruits en train de mûrir.

L'exploitation des chauves-souris
frugivores pour leur viande existe
depuis des siècles. Flacourt a noté
en 1658 qu'elles constituaient un
mets délicat (22) : « Elles sont
grosses comme un chapon... de
tous les volatiles, il n'y en a point de
si gras ; elles ne mangent que des
fruits et ne vivent d'aucun gibier ni

charogne. » Durant ces dernières années, de nombreuses espèces de chauves-souris sont de plus en plus consommées, surtout les espèces locales les plus grosses, c'est-à-dire de grande valeur nutritive par rapport à leurs poids. Durant la période de soudure ou en cas de famine, les chauves-souris qui gîtent en grand nombre constituent des sources de protéines d'urgence, quelque soit leur taille.

Les chauves-souris frugivores, surtout celles appartenant aux deux genres les plus grands, *Pteropus* et *Eidolon*, sont commercialisées et chassées à l'aide de filets, de fusils et au moyen de différentes techniques. Elles constituent un aspect important du menu des habitants de certaines régions du pays. Par exemple, entre Farafangana et Vangaindrano ou dans la Région Boeny, à Mahajanga, *Pteropus* est souvent servie dans les *hotely* (des petits restaurants malgaches) qui bordent la route principale, en tant que plat du jour. Bien que les chiffres exacts ne sont pas disponibles, les chercheurs s'accordent à dire que chaque année, dans toute l'île, environ 10 000 à 15 000 *Pteropus* sont chassées et destinées à la cocotte.

En outre, la chasse artisanale locale est assez courante au niveau des gîtes **diurnes** et des lieux d'alimentation des chauves-souris. Les populations locales les capturent en utilisant différents moyens comme des armes à feu, l'abattage des arbres, l'utilisation de filets, du feu, le jet de bâtons (ex : 54). De plus, étant donné que les chauves-souris frugivores ont un taux de **reproduction** faible, leurs populations sont particulièrement

sujettes au déclin, à l'**extirpation** locale à cause de la chasse dont elles font l'objet. Sur l'île de La Réunion par exemple, deux espèces de *Pteropus* ont disparu, probablement à cause de la forte pression de chasse qu'elles ont dû subir (14).

Dans de nombreux cas, les populations rurales utilisent les chauves-souris comme **subsistance** durant les périodes de crise alimentaire (43). Avant l'installation de la saison fraîche et sèche, *Hipposideros commersoni* accumule beaucoup de graisse. Cette période coïncide avec la rareté de la nourriture dans les parties sèches de l'île, ces animaux sont alors appréciés pour leur graisse. Dans les régions de l'extrême sud-ouest, cette espèce est considérée comme nourriture pour soulager la famine, un grand nombre d'individus sont ainsi chassés par ans (26). Dans la région du Plateau Mahafaly, près d'Itampolo, par exemple, les estimations vont de 70 000 à 140 000 de chauves-souris tuées chaque année. Les impacts de la chasse et des **perturbations** des chauves-souris qui gîtent dans les grottes se sont révélés sérieux sur certaines espèces et mènent à l'abandon de certaines grottes (13). D'autres cas ont été également observés concernant l'utilisation des **microchiroptères** comme alimentation animale, ces derniers sont collectées, cuites et utilisées comme des nourritures pour les animaux, principalement pour les porcins (43).

Dans la forêt sèche de Madagascar, la plante *Uncarina grandidieri*, appelée *farehitra* ou *farehitsy* en malgache, produit de grosses graines hérissées d'épines à crochets ressemblant à des hameçons (Figure 20). Dans les régions du sud-ouest, les populations locales forment des paquets de ces graines qu'elles attachent à de longues tiges, l'outil ainsi formé est lancé sur les colonies qui se reposent sous le toit des grottes. Les épines de ces hameçons s'accrochent fermement aux ailes et à la peau des chauves-souris qui sont alors tirées au sol et tuées. Les restes des éléments de ces pièges peuvent être retrouvés à l'intérieur et à l'entrée de nombreuses grottes. Les chauves-souris qui gîtent dans les grottes plus vastes sont généralement celles chassées par cette technique, telles qu'*Eidolon*, *Rousettus* et *Hipposideros*. Cependant, lors des périodes de famine, toutes les espèces des grottes sans exception sont chassées comme moyen de subsistance. A l'est, par exemple dans les environs de Midongy du Sud et à Befotaka, les enfants chassent les chauves-souris

**Figure 20**. Outil utilisé par les populations du Sud de Madagascar pour capturer les chauves-souris accrochées sur les plafonds des grottes. La plante *Uncarina grandidieri*, appelée *farehitra* ou *farehitsy* en malgache, produit des grosses graines hérissées d'épines à crochets comme des hameçons. Ces graines sont attachées en grand nombre sur de longs bâtons, qui sont ensuite enfoncés dans les colonies. Des animaux sont accrochés sur les boules de graines et les restes de chauves-souris mortes sont encore attachés. (Cliché par Beza Ramasindrazana.)

dans les grottes, les abris sous roche et dans les maisons, pour collecter d'une dizaine à une centaine par jour, comme complément protéique à leur alimentation.

## LOIS ET REGLEMENTATIONS MALGACHES SUR LES CHAUVES-SOURIS

Jusqu'en 1988, la loi malgache a considéré *Pteropus rufus* comme faisant partie des animaux nuisibles, aussi, la chasse ouverte et non règlementée était permise. Les lois sont passées . par différentes étapes dont une des plus importantes est le décret 2006-400, portant classement des espèces de la faune sauvage, signé le 13 juin 2006, qui assigne une nouvelle protection de la vie sauvage dont les chauves-souris. Dans le cadre de cette nouvelle loi, les chauves-souris sont classées dans la Catégorie III et soumises aux contrôles des saisons de chasse. Pour les **mégachiroptères**, celle-ci est ouverte entre le 1er février et le 1er mai. Des permis de chasse commerciale sont délivrés, au moins encore récemment, aux sociétés requérantes qui collectionnent et vendent *Pteropus* et un peu moins à celles qui font le commerce de la viande d'*Eidolon*. En 1975, Madagascar a ratifié la convention sur le « Commerce International des Espèces de Faune et de Flore Sauvages Menacées d'Extinction » (CITES), et vu que les espèces de chauves-souris, dont *Pteropus rufus*, sont concernées par cette convention, elles sont soumises aux contrôles stricts relatifs au commerce international (Figure 21).

**Figure 21**. L'une des étapes essentielles pour la promotion de la **conservation** des chauves-souris malgaches est à travers des programmes de sensibilisation du public. Ici, Merlin Tuttle, le fondateur de « Bat Conservation International », montre à un groupe de personnes du village de Kianjavato une chauve-souris capturée dans un filet et que ces animaux sont inoffensifs. (Cliché par Fanja Ratrimomanarivo.)

## CARACTERISTIQUES PHYSIQUES DES CHAUVES-SOURIS

Les chauves-souris possèdent plusieurs caractères externes qui servent à différencier les différentes familles, genres et espèces. Dans ce volume, nous avons fait souvent références à ces caractères. Dans la Figure 22, les termes standards sur la morphologie externe sont présentés.

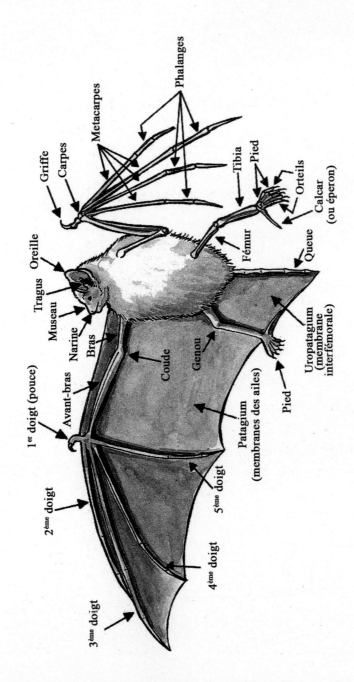

**Figure 22.** Anatomie externe d'une chauve-souris et termes utilisés dans le texte. (Dessin par Christeen Grant.)

**Tableau 3.** Espèces de chauves-souris recensées dans différentes localités de Madagascar. Certains taxa de la Grande île ne sont pas listés ici car leur distribution géographique ne couvre pas les sites mentionnés. Des espèces **synanthropiques** sont présentées quand elles sont connues à proximité d'un site donné. Les noms d'espèces précédés par un astérisque « * » sont **endémiques** de Madagascar. PN = Parc National, RS = Réserve Spéciale.

| Site | Ankarana | Anjohibe | Ankarafantsika | Namoroka | Bemaraha | Kirindy (CFPF) | Kirindy Mitea | Zombitse-Vohibasia | Isalo | Saint Augustin/ Sarodrano | Tsimanampetsotsa | Itampolo | Péninsule de Masoala | Analamazaotra-Mantadia | Tampolo/ Ivoloina | Ranomafana | Tolagnaro area |
|---|---|---|---|---|---|---|---|---|---|---|---|---|---|---|---|---|---|
| **Statut de conservation** | RS | Aucun | PN | RS | PN | Aucun | PN | PN | PN | Aucun | RS | Aucun | PN | PN/RS | Aucun | PN | Aucun |
| **Pteropodidae** | | | | | | | | | | | | | | | | | |
| *Pteropus rufus | + | + | + | + | + | + | + | - | + | + | - | - | + | + | + | + | + |
| *Eidolon dupreanum | + | + | + | + | + | - | - | + | + | - | + | + | - | - | + | + | + |
| *Rousettus madagascariensis | + | + | + | + | + | - | + | - | + | - | - | - | - | + | - | + | + |
| **Hipposideridae** | | | | | | | | | | | | | | | | | |
| *Hipposideros commersoni | + | + | + | + | + | + | + | - | + | + | + | + | + | + | + | + | + |
| *Triaenops auritus | + | - | - | - | - | - | - | - | - | - | - | - | - | - | - | - | - |
| *Triaenops furculus | - | + | - | + | + | - | - | - | - | + | + | - | - | - | - | - | - |
| *Triaenops menamena | + | + | + | + | + | + | - | - | + | + | + | + | + | - | + | - | + |
| **Emballonuridae** | | | | | | | | | | | | | | | | | |
| Taphozous mauritianus | - | - | + | + | + | - | - | + | - | + | - | - | + | - | + | - | + |
| Coleura afra | + | - | - | + | - | - | - | - | - | - | - | - | - | - | - | - | - |
| *Emballonura atrata | - | - | - | - | - | - | - | - | - | - | - | - | + | + | - | - | + |
| *Emballonura tiavato | + | + | - | + | + | - | - | - | - | - | - | - | - | - | - | - | - |
| **Myzopodidae** | | | | | | | | | | | | | | | | | |
| *Myzopoda aurita | - | - | - | - | - | - | - | - | - | - | - | - | + | + | + | + | + |
| *Myzopoda schliemanni | - | + | + | + | + | - | - | - | - | - | - | - | - | - | - | - | - |

| Site | Tolagnaro area | Ranomafana | Tampolo/ Ivoloina | Analamazaotra-Mantadia | Péninsule de Masoala | Itampolo | Tsimanampetsotsa | Saint Augustin/ Sarodrano | Isalo | Zombitse-Vohibasia | Kirindy Mitea | Kirindy (CFPF) | Bemaraha | Namoroka | Ankarafantsika | Anjohibe | Ankarana |
|---|---|---|---|---|---|---|---|---|---|---|---|---|---|---|---|---|---|
| **Statut de conservation** | Aucun | Pn | Aucun | Pn/RS | Pn | Aucun | RS | Aucun | Pn | Pn | Pn | Aucun | Pn | RS | Pn | Aucun | RS |
| **Molossidae** | | | | | | | | | | | | | | | | | |
| *Mormopterus jugularis | + | + | - | + | + | + | + | + | + | + | - | - | - | - | - | - | + |
| *Chaerephon atsinanana | + | + | + | + | + | - | - | - | - | - | - | - | - | - | - | + | + |
| Chaerephon leucogaster | - | - | + | - | - | - | - | + | - | + | + | + | + | + | + | + | + |
| *Chaerephon jobimena | - | - | - | - | - | - | - | - | + | + | - | - | - | - | - | - | + |
| Mops leucostigma | - | + | - | + | + | - | - | + | - | + | + | + | + | + | + | - | - |
| Mops midas | + | - | + | - | - | - | - | - | - | - | + | + | - | - | - | + | + |
| *Otomops madagascariensis | - | + | - | - | - | - | - | + | + | - | - | - | + | + | - | + | - |
| Tadarida fulminans | + | - | - | - | - | - | - | - | + | - | - | - | - | - | - | - | - |
| **Vespertilionidae** | | | | | | | | | | | | | | | | | |
| *Eptesicus matroka | - | + | + | + | - | - | - | - | - | - | - | - | - | - | - | - | - |
| Scotophilus cf. borbonicus | - | - | - | - | - | - | - | + | - | - | - | - | - | - | - | + | - |
| *Scotophilus marovaza | - | - | - | - | - | - | - | - | - | - | - | + | + | - | + | - | - |
| *Scotophilus tandrefana | + | + | + | + | + | - | - | + | - | + | - | - | + | + | - | + | - |
| *Scotophilus robustus | - | - | - | - | - | - | - | - | - | - | - | - | - | - | - | - | - |
| Pipistrellus hesperidus | - | - | + | - | - | - | - | - | - | - | + | + | - | - | - | + | - |
| *Pipistrellus raceyi | - | - | - | + | - | - | - | + | + | - | - | - | - | - | - | - | - |
| *Neoromicia malagasyensis | - | - | - | - | - | - | - | - | - | - | - | - | - | - | - | - | - |
| Neoromicia capensis | - | - | - | + | - | - | - | - | - | + | - | + | - | - | - | - | - |
| Hypsugo anchietae | - | - | - | - | - | - | - | + | - | - | + | + | - | - | - | - | - |
| *Myotis goudoti | + | + | + | + | + | + | - | + | + | - | + | + | + | + | - | + | + |

| Site | Ankarana | Anjohibe | Ankarafantsika | Namoroka | Bemaraha | Kirindy (CFPF) | Kirindy Mitea | Zombitse-Vohibasia | Isalo | Saint Augustin/ Sarodrano | Tsimanampetsotsa | Itampolo | Péninsule de Masoala | Analamazaotra-Mantadia | Tampolo/ Ivoloina | Ranomafana | Tolagnaro area |
|---|---|---|---|---|---|---|---|---|---|---|---|---|---|---|---|---|---|
| **Statut de conservation** | RS | Aucun | Pn | RS | Pn | Aucun | Pn | Pn | Pn | Aucun | RS | Aucun | Pn | PN/RS | Aucun | Pn | Aucun |
| **Miniopteridae** | | | | | | | | | | | | | | | | | |
| *Miniopterus aelleni* | + | + | - | + | + | - | - | - | - | - | - | - | - | - | - | - | - |
| *\*Miniopterus brachytragos* | - | - | - | + | + | - | - | - | - | - | - | - | + | - | - | - | - |
| *\*Miniopterus gleni* | + | + | - | + | + | + | - | - | + | + | - | - | + | - | - | - | + |
| *\*Miniopterus griffithsi* | - | - | - | - | - | - | - | - | - | - | - | + | - | - | - | - | - |
| *Miniopterus griveaudi* | + | + | - | + | + | - | - | - | - | - | - | - | - | - | - | - | - |
| *\*Miniopterus mahafaliensis* | - | - | - | - | - | - | + | - | + | + | + | + | - | - | - | - | - |
| *\*Miniopterus majori* | - | + | - | - | - | - | - | - | - | + | - | - | - | + | - | + | + |
| *\*Miniopterus manavi* | - | - | - | - | - | - | - | - | - | - | - | - | - | - | - | + | - |
| *\*Miniopterus petersoni* | - | - | - | - | - | - | - | - | - | - | - | - | - | - | - | - | + |
| **Nombre total d'espèces** | 17 | 18 | 10 | 19 | 18 | 13 | 12 | 10 | 13 | 17 | 6 | 7 | 14 | 13 | 10 | 13 | 17 |
| **Nombre total d'espèces l'exclusion des commensaux** | 15 | 18 | 8 | 17 | 16 | 13 | 12 | 10 | 13 | 14 | 6 | 7 | 12 | 10 | 8 | 10 | 16 |

# PARTIE 2. DESCRIPTION DES ESPECES

## PTEROPODIDAE

Cette **famille** est composée des *fanihy*, encore appelées chauves-souris **frugivores** ou **mégachiroptères**. Ces animaux sont facilement reconnaissables par leurs grands yeux, leur tête allongée comme celle du chien, leurs longues oreilles et le premier et deuxième doigts terminés par une griffe (Figure 23a). A Madagascar, trois espèces **endémiques** appartenant à trois genres différents (*Eidolon*, *Pteropus* et *Rousettus*) sont présentes. Leur distinction se base sur la longueur de l'avant-bras (Tableau 4) et sur la couleur du pelage. *Pteropus* ne possède pas de queue, alors qu'*Eidolon* et *Rousettus* ont une queue réduite qui forme une sorte de protubérance saillante à l'extrémité du corps (Figure 23b).

**Figure 23**. Caractéristiques externes de *Rousettus* incluant **à gauche**) le premier et deuxième doigts terminés par une griffe et **à droite**) une queue réduite. (Clichés par Manuel Ruedi.)

**Tableau 4**. Différentes mensurations externes des membres malgaches de la famille des Pteropodidae. Les chiffres présentent les moyennes des mensurations (minimales – maximales et le nombre (n) des échantillons mesurés).

| Espèce | Longueur totale (mm) | Longueur de la queue (mm) | Longueur du pied (mm) | Longueur de l'oreille (mm) | Longueur de l'avant-bras (mm) | Poids (g) |
|---|---|---|---|---|---|---|
| *Eidolon dupreanum* | 223,7 (218-229, n=3) | 15,0 (14-17, n=3) | 29,7 (29-30, n=3) | 34,7 (33-36, n=3) | 132,6 (126-138, n=19) | 342,2 (288-392, n=19) |
| *Pteropus rufus* | 255,8 (230-318, n=29) | Queue absente | 40,8 (37-44, n=29) | 38,3 (35-46, n=29) | 150,7 (140-178, n=28) | 391,8 (245-749, n=29) |
| *Rousettus madagascariensis* mâles | 131,3 (125-140, n=36) | 15,8 (13-23, n=36) | 15,5 (13-19, n=36) | 18,6 (17-20, n=36) | 73,8 (71-78, n=36) | 62.1 (49-87, n=36) |
| *Rousettus madagascariensis* femelles | 125,6 (110-136, n=32) | 14,8 (12-20, n=32) | 14,9 (13-18, n=32) | 18,1 (17-20, n=32) | 69,8 (62-74, n=32) | 52,0 (30,5-77, n=32) |

## *Eidolon dupreanum* (Pollen, 1866)

Français : Roussette paillée de Madagascar

Anglais : Madagascar Straw-colored Fruit Bat

**Identification** : *Eidolon dupreanum* est un **mégachiroptère** de taille moyenne de Madagascar, légèrement plus petit que *Pteropus rufus* et beaucoup plus grand que *Rousettus madagascariensis* (Tableau 4). Avant-bras entre 126 et 138 mm de long, queue courte. Fourrure de la tête gris brunâtre, partie supérieure de la poitrine jaune clair souvent teintée d'orange (Figure 24), **patagium** clairement blanc délavé.

**Figure 24**. Portrait d'*Eidolon dupreanum*. (Dessin par Velizar Simeonovski.)

**Distribution** : **Endémique** de Madagascar. Cette espèce est présente quasiment partout sur l'île, depuis le nord, à la Montagne des Français à Ankarana, jusqu'à la région de Tolagnaro et à Itampolo dans le sud. Elle est rencontrée à des altitudes allant du niveau de la mer jusqu'à 1 750 m.

**Habitat** : *Eidolon dupreanum* est présente dans des habitats très variés : dans la forêt humide de basse altitude et de montagne à l'Est, au niveau des paysages agricoles fortement modifiés, des savanes **anthropogéniques** ouvertes, des forêts sèches caducifoliées et du bush épineux. Le niveau de la **perturbation** anthropique de l'habitat semble avoir peu d'impact sur les chauves-souris tant que les facteurs limitant de l'existence de gîtes adéquats et de nourriture végétale sont satisfaits. Elle est particulièrement commune dans les zones de roches **granitiques** et **sédimentaires** exposés qu'elle élit souvent comme gîtes **diurnes**.

**Régime alimentaire** : *Eidolon dupreanum* ne distingue apparemment pas les couleurs (70). Elle consomme une grande variété de plantes, dont de nombreuses espèces exotiques tels que le pollen et les fleurs d'*Eucalyptus* (75, 91). Cette chauve-souris est bien adaptée aux paysages modifiés par les activités humaines, fréquemment rencontrés sur l'île. Elle effectue probablement des mouvements **migratoires** dans la quête de fruits. Par ailleurs, elle a été également observée se nourrissant du nectar de différentes espèces de baobab, souvent au moment du pic de la production de nectar (3).

Le suivi satellitaire d'une espèce africaine du même genre, *Eidolon helvum*, a montré que cette dernière recherche sa nourriture jusqu'à 60 km de distance de son gîte **diurne**, et un individu peut couvrir 370 km en une seule nuit (97). Par conséquent, les membres de ce genre ont une grande capacité de **disperser** les graines et jouent ainsi un rôle important dans la **régénération** de la forêt.

**Gîte diurne** : *Eidolon dupreanum* fréquente les grottes, les crevasses sur les façades des falaises et la **canopée** des arbres à dense feuillage (ex : cocotiers, le *Raphia*). Les colonies sont de taille variable qui peuvent contenir des animaux solitaires et jusqu'à 1 200 individus. Une recherche menée dans les grottes d'Ankarana concernant leur mode de sélection des gîtes a révélé que cette espèce a tendance à choisir les systèmes souterrains à ouvertures relativement larges et hautes, aussi bien que les longs couloirs plus frais, elle choisit des gîtes situés en hauteur au sein de la grotte (12). Dans certains cas, l'espèce peut être relativement trouvée en profondeur dans les grottes. Des gîtes **diurnes** fréquentés tous les ans depuis au moins 15 ans sont relevés (13).

**Vocalisation** : Echolocation non connue.

**Conservation** : Vulnérable (110). Dans différentes parties de Madagascar, *Eidolon dupreanum* est chassée et piégée par différentes techniques et est fréquemment consommée comme gibier (53). De nombreuses colonies ont **disparu**, particulièrement celles des Hautes Terres centrales, probablement à cause de ce type d'exploitation. Pendant plusieurs années, les individus de cette espèce ont été suivis au niveau des gîtes de l'Ankarana afin d'évaluer les changements éventuels d'effectif et des raisons potentielles de ces changements. Des preuves de leur chasse ont été ainsi relevées, ce qui est en corrélation avec la diminution considérable du nombre d'individus qui y gîtent (13). Des **perturbations** dues aux touristes sont également un problème potentiel, particulièrement dans la Grotte des Chauves-souris (Ankarana). La saison de chasse et les règlementations dictées par la législation nationale ne sont pas respectées, ces pressions constituent ainsi une menace sérieuse à long terme du futur de l'espèce. La collecte de ces animaux se fait à moindre échelle par rapport à celle de *Pteropus rufus*.

## *Pteropus rufus* E. Geoffroy, 1803

Français : Renard volant de Madagascar
Anglais : Madagascar Flying Fox

**Identification** : *Pteropus rufus* est le plus grand **mégachiroptère** de Madagascar, l'avant-bras mesure plus de 140 mm de long (Tableau 4). Fourrure du sommet de la tête et des joues orange terne, zone formant un « masque noir » autour des yeux et du museau, partie supérieure de la poitrine allant d'un orange terne à brillant (Figure 25), queue absente et **patagium** entièrement sombre.

**Distribution** : **Endémique** de Madagascar, dont Nosy Be, Nosy Komba, Nosy Tanikely et l'Ile Sainte Marie. Cette espèce est connue quasiment partout à Madagascar entre des altitudes allant de 10 à 1 400 m.

**Habitat** : *Pteropus rufus* est présente au sein d'habitats très variés : les forêts humides de basse altitude, de montagne et du littoral de l'Est, les paysages agricoles profondément modifiés, les savanes **anthropogéniques** ouvertes, les forêts sèches caducifoliées et les forêts **galeries** du bush épineux.

**Figure 25**. Portrait de *Pteropus rufus*. (Dessin par Velizar Simeonovski.)

**Régime alimentaire** : *Pteropus rufus*, qui distingue les couleurs (70), se nourrit d'une grande variété de fruits divers. Dans la forêt littorale de Tolagnaro, par exemple, 40 plantes différentes ont été identifiées dans son régime alimentaire (11). Dans d'autres régions, une part importante des végétaux qu'elle consomme est d'origine exotique (3, 63, 79). D'après son régime alimentaire et l'emplacement de ses gîtes, cette espèce peut s'adapter aux paysages modifiés par l'homme. Elle est capable de faire 30 à 60 km par nuit et peut ainsi **disperser** les graines sur de grandes distances.

**Gîte diurne** : *Pteropus rufus* gîte dans la partie supérieure des arbres, y compris les mangroves, où des groupes de 10 à 5 000 individus se perchent la tête en bas (64).

Elle est aussi bien trouvée dans la forêt naturelle que dans les plantations d'arbres exotiques comme l'*Eucalyptus* (54). Dans certains cas, les gîtes ne sont occupés que pour de courtes périodes, probablement à cause des mouvements **migratoires** qu'elle effectue localement ou sur de plus grandes distances à la recherche des ressources alimentaires.

**Vocalisation** : Echolocation non connue.

**Conservation** : Vulnérable (110). Dans différentes parties de Madagascar, *Pteropus rufus* est chassée et piégée à l'aide de différentes techniques et est fréquemment consommée comme gibier (53). Dans les villages comme Vangaindrano ou Antsohihy, par exemple, elle est souvent servie comme plat du jour dans les *hotelys*. Les collecteurs exploitent ces animaux pour le commerce tandis que les chasseurs locaux les traquent pour la consommation domestique. Cette espèce est par ailleurs persécutée par les arboriculteurs fruitiers car elle est considérée comme responsable de la destruction des récoltes, surtout des mangues. Elle est certainement l'une des espèces de chauves-souris la plus recherchée pour sa viande à Madagascar. Les saisons de chasse et les règlementations de la législation nationale ne sont pas suivies, ces pressions font ainsi peser une menace sérieuse à long terme pour le futur de l'espèce.

## *Rousettus madagascariensis* G. Grandidier, 1928

Français : Roussette de Madagascar
Anglais : Madagascar Rousette

**Identification** : *Rousettus madagascariensis* est le plus petit des **mégachiroptères** de Madagascar, l'avant-bras fait moins de 80 mm de long et la queue est courte (Tableau 4). Pelage de la tête et du cou nettement plus court et plus fin (Figure 26) que celui des deux espèces précédentes, de couleur brun fauve, oreilles proportionnellement petites et **patagium** complètement sombre.

**Figure 26**. Portrait de *Rousettus madagascariensis*. (Dessin par Velizar Simeonovski.)

**Distribution** : **Endémique** de Madagascar, dont Nosy Be, Nosy Komba et l'Ile Sainte Marie. L'espèce est rencontrée dans plusieurs parties de Madagascar, à des altitudes allant du niveau de la mer jusqu'à 1 000 m, sauf à l'extrême sud-ouest et au niveau des régions montagneuses.

**Habitat** : *Rousettus madagascariensis* est trouvée dans divers habitats, dans les forêts littorale et humide **sempervirente** de l'Est, dans les paysages agricoles fortement modifiés, dans la forêt sèche et dans les forêts **galeries**. Un facteur limitant à sa distribution semble être l'absence d'affleurements rocheux à découvert qu'elle utilise largement comme gîte.

**Régime alimentaire** : Comme les deux autres espèces malgaches de **mégachiroptères**, *Rousettus madagascariensis* se nourrit énormément de plantes, composées en majorité de fruits d'espèces **autochtones** ou **introduites** qui poussent en dehors des habitats forestiers naturels (3). Elle semble ainsi bien adaptée aux modifications **anthropiques** de l'**environnement**. Cette espèce se nourrit des récoltes fruitières importantes pour le commerce, comme celle du litchi et est capable de transporter en vol des fruits faisant 15% du poids de son corps, sur des distances de 40 m au moins (6). Elle contribue ainsi à la **dispersion** des graines de certains fruits, mais ne semble pas disposer de la vision en couleur (70), cependant, elle a des **yeux luisants** qui brillent dans l'obscurité quand ils sont éclairés.

**Gîte diurne** : *Rousettus madagascariensis* gîte dans les grottes, les abris sous roche, les arbres creux et dans le feuillage dense des arbres. Les colonies peuvent être formées de 5 000 individus (83). Dans certains cas, les gîtes ne sont occupés que durant de courtes périodes, ceci est probablement dû aux déplacements selon les ressources alimentaires. Les recherches faites à Ankarana concernant le choix du gîte ont révélé que cette espèce utilise les grottes à grandes et hautes ouvertures, occupe les endroits à température plus élevée et dont le plafond comporte des crevasses en forme de cloche (12).

**Vocalisation** : Les membres du genre *Rousettus* possèdent une forme d'écholocation primitive et produite par le claquement de la langue et sont capables de voler dans le noir total. **FmaxE** = 29,4 kHz (100).

**Conservation** : Quasi menacée (110). Dans différentes parties de Madagascar, *Rousettus madagascariensis* est consommée comme gibier et persécutée à cause des dommages qu'elle inflige aux fruits destinés au commerce et à la consommation locale (24, 53), surtout le litchi (6, 25). Contrairement aux deux autres plus grands **mégachiroptères** de Madagascar, cette espèce n'est pas destinée au commerce mais est plutôt exploitée de manière artisanale, particulièrement pendant les saisons où elles sont nettement plus grasses. Les saisons de chasse et les règlementations de la législation nationale ne sont pas suivies. De plus, il existe une prédation naturelle sur cette chauve-souris, comme la Chouette Effraie (28).

**Autres commentaires** : *Rousettus madagascariensis* a été auparavant **classée** comme une **sous-espèce** des membres africains de *Rousettus*, mais les études **génétiques** récentes ont clairement démontré qu'elle est une espèce distincte (47).

# HIPPOSIDERIDAE

Madagascar recèle quatre espèces de Hipposideridae réparties dans deux genres différents, *Hipposideros* et *Triaenops*, **endémiques** de l'île (Tableau 5). Les membres malgaches des Hipposideridae, à l'exception de la seule espèce de la **famille** des Nycteridae (voir page 60), se distinguent des autres chauves-souris de l'île par la présence d'une série de feuilles (Figure 27) ou de trois lames placées autour d'une structure nasale arrondie (Figures 28-30). Elles ont de petits yeux et pas de **tragus**.

**Tableau 5**. Différentes mensurations externes des membres malgaches de la famille des Hipposideridae. Les chiffres présentent les moyennes des mensurations (minimales – maximales et le nombre (n) des échantillons mesurés) (88, 89).

| Espèce | Longueur totale (mm) | Longueur de la queue (mm) | Longueur du pied (mm) | Longueur de l'oreille (mm) | Longueur de l'avant-bras (mm) | Poids (g) |
|---|---|---|---|---|---|---|
| Hipposideros commersoni mâles de Bemaraha | 145,3 (139-152, n=13) | 40,3 (35-45, n=13) | 16,8 (15-18, n=13) | 30,5 (29-30, n=13) | 94,3 (88-103, n=13) | 73,2 (51,5-98,0, n=13) |
| Hipposideros commersoni femelles de Bemaraha | 132,0 (128-135, n=5) | 37,2 (31-40, n=5) | 15,8 (13-17, n=5) | 30,8 (30-31, n=5) | 88,0 (86-80, n=5) | 45,1 (39,5-50,0, n=5) |
| Triaenops auritus mâles | 73,2 (67-78, n=17) | 22,2 (19-25, n=17) | 7,4 (6-9, n=16) | 17,9 (16-19, n=17) | 46,4 (43,9-50,0, n=17) | 5,9 (4,9-6,7, n=17) |
| Triaenops auritus femelles | 76,9 (70-84, n=36) | 24,0 (22-28, n=36) | 7,7 (7-9, n=36) | 18,0 (15-20, n=36) | 48,8 (46,0-51,0, n=36) | 6,5 (5,4-8,0, n=36) |
| Triaenops furculus mâles de Namoroka | 74,7 (73-78, n=7) | 22,4 (21-24, n=7) | 7,0 (6-8, n=7) | 17,6 (16-18, n=7) | 45,7 (45-47, n=7) | 5,1 (3,6-6,9, n=7) |
| Triaenops furculus femelles de Namoroka | 77,0 (75-80, n=11) | 23,2 (21-27, n=11) | 7,1 (7-8, n=11) | 18,9 (18-20, n=11) | 46,5 (42-49, n=11) | 6,1 (3,8-7,1, n=11 |
| Triaenops menamena mâles du Nord | 93,6 (90-96, n=5) | 31,8 (30-35, n=5) | 7,6 (7-8, n=5) | 15,0 (14-16, n=5) | 52,2 (51-53, n=5) | 9,5 (8,3-10,5, n=5) |
| Triaenops menamena femelles du Nord | 88,7 (86-92, n=9) | 30,4 (28-33, n=9) | 7,9 (7-9, n=9) | 13,6 (13-15, n=9) | 49,8 (46-53, n=9) | 7,4 (6,6-7,9, n=9) |

## *Hipposideros commersoni* (E. Geoffroy, 1803)

Français : Phyllorhine de Commerson
Anglais : Commerson's Leaf-nosed Bat

**Identification** : Chauve-souris de grande taille, se rapproche de *Rousettus madagascariensis*, mais se distingue de cette dernière par un court museau, oreilles triangulaires, feuilles nasales recourbées en demi-lune avec trois orifices caractéristiques, fourrure brune à brun rougeâtre sur la tête et dans le dos, gris pâle à gris crème au niveau de la gorge et du ventre (Figure 27), et une zone blanche à la base des ailes de la partie ventrale.

**Distribution** : **Endémique** de Madagascar. *Hipposideros commersoni* a une large distribution à travers l'île : les basses altitudes de l'est, les régions des Hautes Terres centrales, l'ensemble des basses altitudes de l'ouest et Nosy Be. Dans la partie plus sèche de l'île, elle est présente à des altitudes allant du niveau de la mer jusqu'à 700 m, à l'est et dans les Hautes Terres Centrales. Dans l'ensemble de son aire de répartition, cette espèce est présente à des altitudes entre le niveau de la mer jusqu'à 1 325 m.

**Habitat** : *Hipposideros commersoni* vit dans une large gamme d'habitats, incluant des habitats forestiers

**Figure 27**. Portrait de *Hipposideros commersoni*. (Dessin par Velizar Simeonovski.)

naturels largement intacts aussi bien que **dégradés**. Quelques cas mentionnent la présence de l'espèce en dehors des zones de vestiges de végétation naturelle. A l'est, elle est rencontrée au niveau des formations forestières littorales, humides et de montagne présentant différents degrés de dégradation, elle se trouve occasionnellement dans l'**écotone** entre la forêt et les paysages agricoles. Dans les parties plus sèches de l'île, elle est particulièrement commune des zones calcaires et gréseuses érodées, où les grottes et les crevasses sont nombreuses, mais également au niveau des zones sans rochers exposés.

**Régime alimentaire** : *Hipposideros commersoni* se nourrit d'une grande variété d'ordres d'insectes, principalement des gros Coleoptera (81, 82, 96). Pour chercher activement sa nourriture, elle se perche la tête en bas en attendant les insectes qui passent, fonce sur l'insecte et

l'attrape, retourne sur son perchoir pour déchirer et manger sa **proie**. Vers la fin de la saison pluvieuse, elle a accumulé beaucoup de graisse qui augmente considérablement son poids.

**Gîte diurne** : *Hipposideros commersoni* gîte dans les crevasses, les abris sous roche et les grottes où les colonies des zones calcaires peuvent comporter jusqu'à 1 200 individus. Elle gîte également au niveau de la végétation relativement dense (74, 78). Les recherches sur le choix des gîtes dans l'Ankarana révèlent que l'espèce préfère les grottes avec des systèmes de longs couloirs et choisit les gîtes situés à 100 m de l'eau (12). Une séparation nette est observée entre les **colonies de maternité**, associées aux **crèches** de jeunes, et les **colonies de mâles célibataires** ou de femelles non reproductives. Des gîtes **diurnes** occupés annuellement sont relevés depuis presque 50 ans (13). Certaines

**populations**, peut-être **migratrices**, se déplacent vers d'autres régions de l'île à la fin de la saison pluvieuse ou au début de la saison sèche, et deviennent rares ou absentes des grottes. A Bemaraha, elle est apparemment absente durant l'hiver austral (82).

**Vocalisation** : **FmaxE** = 64,3-66,6 kHz (60, 100).

**Conservation** : Quasi menacée (110). Il est évident que *Hipposideros commersoni* est sujette à l'exploitation extensive dans toute l'île, comme par exemple dans le sud où elle constitue une source importante de protéines durant les périodes de famine (26, 43, 53). Cette situation est en corrélation avec sa grande taille et aux graisses qu'elle a accumulées à la fin de la saison des pluies. Au pied du Plateau Mahafaly, particulièrement près d'Itampolo, les estimations avancent des chiffres allant de 70 000 à 140 000 **microchiroptères**, surtout

*H. commersoni*, consommés par an (26). Ces taux de prélèvements surpassent certainement le potentiel de **reproduction** de ces animaux, et aboutiront à terme à l'**extirpation** des **populations** locales. Depuis plusieurs années, cette espèce a été suivie au niveau des gîtes dans les grottes d'Ankarana afin d'estimer les changements de l'effectif de sa population et des raisons afférentes (13). Certaines colonies exploitées par les chasseurs voient leurs individus constitutifs fortement diminués, allant jusqu'à 95% de la taille initiale.

**Autres commentaires** : Dans les **classifications taxonomiques** précédentes, différentes populations appartenant aux membres africains du genre ont été considérées comme **sous-espèces** de *H. commersoni*. Elles sont maintenant classées comme espèces à part entière, ce qui place *H. commersoni* comme espèce **endémique** à Madagascar.

---

## *Triaenops auritus* G. Grandidier, 1912

Français : Triénope doré
Anglais : Golden Trident Bat

**Identification** : Structures caractéristiques formées de trois lames ressemblant à des fers de lance attachées à l'élément supérieur du nez feuillu, celle du milieu étant légèrement plus longue que les deux autres et l'élément postérieur du nez feuillu étant arrondi (Figure 28). L'espèce se distingue par une fourrure largement dorée ou or brunâtre. Par ailleurs, elle possède un court museau et de grandes oreilles triangulaires.

**Distribution** : *Triaenops auritus* est **endémique** du nord de Madagascar. Elle est connue à Daraina, Analamerana, à la Montagne des Français, Ankarana et à Andavakoera (88, 99). La limite sud de l'espèce se trouve entre Ambilobe et la région d'Antsohihy, où elle est remplacée par *T. furculus*. Elle est rencontrée à des altitudes allant de 50 à 200 m.

**Habitat** : *Triaenops auritus* est trouvée dans les régions de forêts sèches **décidues** associées à des zones à affleurements rocheux calcaires ou à d'autres roches **sédimentaires**.

**Régime alimentaire** : Aucune donnée disponible.

**Gîte diurne** : *Triaenops auritus* gîte dans les grottes, par colonies de plusieurs centaines d'individus. Elle semble changer de grotte selon une certaine fréquence (13). Les recherches menées à Ankarana concernant son choix du site révèlent qu'elle préfère les gîtes situés au niveau d'étroits couloirs, généralement vers 200 m de la sortie (12).

**Vocalisation** : **FmaxE** = 100,3 kHz (60).

**Figure 28**. Portrait de *Triaenops auritus*. (Dessin par Velizar Simeonovski.)

**Conservation** : Vulnérable (110).

**Autres commentaires** : Une récente étude de la **génétique moléculaire** a montré que *Triaenops auritus* est l'**espèce sœur** de *T. furculus*, ce qui expliquerais un seul évènement de colonisation à Madagascar, et *T. menamena* est **phylogénétiquement** plus proche d'un membre africain du genre, ce qui représente une deuxième colonisation de l'île (101, 102).

## *Triaenops furculus* Trouessart, 1906

Français : Triénope de Trouessart
Anglais : Trouessart's Trident Bat

**Identification** : Structures caractéristiques formées de trois lames ressemblant à des fers de lance, attachées à l'élément supérieur du nez feuillu, celle du milieu étant légèrement plus longue que les deux autres, l'élément postérieur du nez feuillu étant arrondi (Figure 29). L'espèce se distingue par une fourrure principalement gris brunâtre terne, avec parfois des touches brun rougeâtre ternes. En outre, elle possède un court museau et de larges oreilles triangulaires.

**Distribution** : **Endémique** à Madagascar. *Triaenops furculus* est rencontrée dans les parties plus sèches de l'île, depuis l'extrémité nord jusqu'au sud. Elle est présente à des altitudes allant du niveau de la mer jusqu'à 140 m.

**Habitat** : La majorité des sites recensés pour cette espèce se trouvent dans les zones des **karsts** calcaires (Namoroka, Bemaraha et le Plateau Mahafaly) qui ne sont pas toujours associés à la forêt relativement intacte (Anjohibe). Elle a été également capturée dans des régions de forêt sèche caducifoliée, sans affleurements rocheux **sédimentaires** (forêt des Mikea et Kirindy Mitea).

**Régime alimentaire** : A Bemaraha, *Triaenops furculus* se nourrit principalement des Lepidoptera (81). Son régime alimentaire présente une variation saisonnière, elle consomme plus de Coleoptera et de Dictyoptera durant la saison chaude, et plus de Lepidoptera durant la saison froide.

**Figure 29**. Portrait de *Triaenops furculus*. (Dessin par Velizar Simeonovski.)

**Gîte diurne** : *Triaenops furculus* occupe principalement les grottes et les colonies contiennent jusqu'à environ 10 000 individus (72). Sa fréquentation des gîtes **diurnes** ne semble pas présenter de variations saisonnières comme celles observées chez *Hipposideros*. Dans l'ouest central, elle a été capturée au niveau de certains sites sans affleurement rochers, ses gîtes **diurnes** se trouvent alors probablement au niveau des troncs et branches creux des arbres comme les baobabs.

**Vocalisation** : **FmaxE** = 103,4-111,8 kHz (60, 100).

**Conservation** : Préoccupation mineure (110).

## *Triaenops menamena* Goodman & Ranivo, 2009 (ex. *T. rufus* Milne-Edwards, 1881)

Français : Triénope roussâtre
Anglais : Rufous Trident Bat

**Identification** : Nez feuillu caractéristique formé de trois dents, la centrale est arrondie et distinctement plus longue que les deux autres, élément inférieur du nez feuillu arrondi et complexe (Figure 30). L'espèce se distingue par un court museau, oreilles courtes et arrondies, fourrure principalement de couleur orange rougeâtre, rouge ou brun orangé (Figure 31). Les individus plus clairs ont la tête et le dos plus sombre que la gorge et le ventre.

**Distribution** : **Endémique** de Madagascar. *Triaenops menamena* a été capturée dans différentes localités des parties plus sèches de l'île, depuis l'extrémité nord jusqu'au sud, et occasionnellement rapportée des Hautes Terres centrales

(Ambohitantely), du nord-est (Maroantsetra et Marojejy) et du sud-est (Ivohibe, Tolagnaro). Cette espèce est rencontrée à des altitudes allant du niveau de la mer jusqu'à 550 m, mais des cas exceptionnels ont été mentionnés à 1 450 m (Ambohitantely) (55, 76, 88).

**Habitat** : Beaucoup de sites répertoriés de *Triaenops menamena* sont situés dans des zones de **karst** calcaires (Ankarana, Analamerana, Namoroka, Bemaraha et le Plateau Mahafaly), mais ne sont pas nécessairement associés à la forêt naturelle sèche intacte (Anjohibe). Elle a été également capturée dans des régions de forêt sèche **décidue** sans affleurements rocheux **sédimentaires** (Lac Kinkony, Kirindy (CFPF) et Kirindy Mitea) (81, 88).

**Régime alimentaire** : D'après des données préliminaires, *Triaenops menamena* se nourrit (par ordre d'importance) de Coleoptera, Isoptera, Lepidoptera et d'Hymenoptera (96). A Bemaraha, *T. menamena* consomme essentiellement de Lepidoptera (81), son régime alimentaire montre peu de variation saisonnière.

**Figure 30**. Portrait de *Triaenops menamena*. (Dessin par Velizar Simeonovski.)

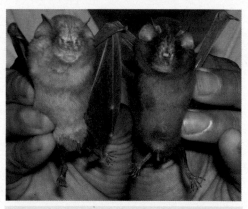

**Figure 31**. Dans une population de *Triaenops menamena*, les individus présentent une variation considérable de la coloration du pelage, allant d'orange rougeâtre à brun orangé. (Cliché par Claude Fabienne Rakotondramanana.)

**Gîte diurne** : *Triaenops menamena* habite principalement dans les grottes, où les colonies peuvent contenir jusqu'à 41 000 individus (72). A l'est, un gîte contenant moins de 10 individus a été trouvé près d'Ivohibe (Tolagnaro) (55). L'utilisation des gîtes ne semble pas présenter de changements saisonniers comme celle observée chez *Hipposideros*. Dans l'ouest central, cette espèce a été capturée dans certains sites sans rochers exposés, les gîtes **diurnes** se trouvent probablement ainsi dans les creux des troncs et branches d'arbres tels que les baobabs.

**Vocalisation** : **FmaxE** = 90,3-93,2 kHz (60, 100).

**Conservation** : Préoccupation mineure (110). Dans la région de Tolagnaro, il a été rapporté que cette espèce est chassée par la population locale (55).

**Autres commentaires** : *Triaenops menamena* été auparavant appelée *T. rufus*. Mais l'**holotype** et le **paratype** de *T. rufus* ne sont pas d'origine malgache et proviennent d'une espèce différente du genre qui vit en Afrique et sur la Péninsule Arabique (32).

## Emballonuridae

Les quatre espèces appartenant aux trois genres (*Taphozous*, *Coleura* et *Emballonura*) de la **famille** des Emballonuridae trouvées à Madagascar ont une taille (Tableau 6) et des caractéristiques faciales variables. Les deux espèces du genre *Emballonura* sont **endémiques**. Les membres malgaches de cette famille se distinguent des autres chauves-souris présentes sur l'île par une queue caractéristique en fourreau qui ressort par le milieu central de l'**uropatagium**. Elles ont de grands yeux, des **tragi** bien développés mais aucune structure feuillue au niveau du nez pointu. Les membres de cette famille sont souvent actifs pendant le jour (Figure 32).

**Figure 32**. Les membres de la famille des Emballonuridae à Madagascar sont souvent actifs pendant le jour. C'est particulièrement le cas pour *Taphozous mauritianus*, qui quand elle est dérangée en pleine lumière, n'hésitera pas à se déplacer vers un gîte **diurne** différent. (Cliché par Harald Schütz.)

## *Taphozous mauritianus* (E. Geoffroy, 1818)

Français : Taphien de Maurice
Anglais : Mauritian Tomb Bat

**Identification** : Espèce de petite taille, fourrure de la tête et du dos de couleur grise, épaisse et dense,

fourrure ventrale allant de crème à blanc pur, tête triangulaire et museau relativement plat et long, oreilles courtes, arrondies et bordées de fourrure (Figure 33), **patagium**

**Tableau 6**. Différentes mensurations externes des membres malgaches de la famille des Emballonuridae. Les chiffres présentent les moyennes des mensurations (minimales – maximales et le nombre (n) des échantillons mesurés) (37, 41, 69).

| Espèce | Longueur totale (mm) | Longueur de la queue (mm) | Longueur du pied (mm) | Longueur de l'oreille (mm) | Longueur de l'avant-bras (mm) | Poids (g) |
|---|---|---|---|---|---|---|
| *Taphozous mauritianus* mâles | 104,1 (85-123, n=15) | 21,0 (13-28, n=15) | -- | 17,2 (13-23, n=17) | 61,3 (58,3-63,0, n=14) | 26,4 (16-32, n=9) |
| *Taphozous mauritianus* femelles | 109,8 (82-143, n=10) | 20,4 (14-24, n=8) | -- | 17,7 (12-21, n=9) | 62,7 (58-66, n=10) | 27,7 (21-34, n=8) |
| *Coleura afra* | 77,3 (75-81, n=4) | 12,0 (11-14, n=4) | 7,5 (7-9, n=4) | 12,5 (12-13, n=4) | 50,5 (49-52, n=8) | 10,0 (8,9-12,5, n=8) |
| *Emballonura atrata* | 65,0 (63-69, n=3) | 18,7 (18-20, n=3) | 6,0 (6-6, n=3) | 16,3 (15-19, n=3) | 40,3 (40-41, n=3) | 5,9 (5,0-7,1, n=3) |
| *Emballonura tiavato* | 59,2 (55-64, n=13) | 16,0 (15-18, n=12 | 5,6 (5-6, n=13) | 12,5 (11-14, n=13) | 37,2 (35-41, n=13) | 3,3 (2,7-3,8, n=13) |

translucide ou blanc. Les mâles ont une **glande gulaire** distincte au centre de la gorge et les deux sexes ont des **poches alaires**, entre la base du 5^ème doigt et de l'avant-bras.

**Distribution** : *Taphozous mauritianus* est originalement décrite de l'Ile Maurice et elle est rencontrée sur les îles de l'Océan Indien occidental (49) et dans quelques parties de l'Afrique sub-saharienne (106). A Madagascar, elle est présente dans les régions de basses altitudes autour de l'île, depuis le niveau de la mer jusqu'à 870 m, incluant la région côtière de l'est depuis Maroantsetra jusqu'à Tolagnaro, et plusieurs localités de l'ouest central et du sud-ouest. A l'intérieur des terres, elle

**Figure 33**. Portrait de *Taphozous mauritianus*. (Dessin par Velizar Simeonovski.)

a été rapportée d'Ankarafantsika, Maevatanana, Bemaraha, Zombitse et de Beza Mahafaly.

**Habitat** : *Taphozous mauritianus* occupe essentiellement les habitats perturbés des basses altitudes, tels que les **environnements** urbains, les plantations de cocotiers et la forêt secondaire. Elle est rencontrée à la fois dans l'ouest aride et dans l'est humide **sempervirente** de Madagascar, aussi bien qu'au niveau des zones sèches côtières du sud-ouest, dans le **bush épineux** à l'intérieur des terres et au niveau de la forêt de transition sèche **caduque/** humide **sempervirente**.

**Régime alimentaire** : Aucune donnée n'existe sur ces **populations** à Madagascar. Les animaux africains de cette espèce se nourrissent d'insectes volants comme les Lepidoptera, Isoptera et Coleoptera (69).

**Gîte diurne**: A Madagascar, *Taphozous mauritianus* gîte au niveau du feuillage dense des palmiers ; sur les troncs d'arbre dans des endroits ombragés en changeant souvent de position durant le jour pour éviter l'exposition directe au soleil ; sur les façades verticales des falaises ; et verticalement dans les parties ombragées des murs des bâtiments.

**Vocalisation** : Les données concernant les **populations** à Madagascar ne sont pas disponibles, mais les animaux africains émettent à **FmaxE** = 28,0 kHz (69).

**Conservation** : Préoccupation mineure (110).

## *Coleura afra* (Peters, 1852)

Français : Emballonure d'Afrique
Anglais : African Sheath-tailed Bat

**Identification** : Espèce de petite taille, plus petite que *Taphozous*, tête et dos à long pelage relativement épais de couleur noir brunâtre qui s'étend sur la gorge (Figure 34), le reste sur la partie ventrale est de couleur gris crème à blanc pur, tête visiblement triangulaire et museau relativement plat et long, longues oreilles à bout arrondi sans fourrure, **patagium** légèrement translucide à bord antérieur blanchâtre. Elle ne possède pas de **glande gulaire** ou de **poches alaires**.

**Figure 34**. Portrait de *Coleura afra*. (Dessin par Velizar Simeonovski.)

**Distribution** : *Coleura afra* est largement distribuée dans les parties de l'est et de l'ouest de l'Afrique, plus commune au niveau de la zone côtière orientale. Cette espèce était encore inconnue de Madagascar il y a quelques années (41). Mais actuellement, elle a été relevée au niveau de deux sites de l'île, à Ankarana, à 20 m et à Namoroka, à environ 110 m.

**Habitat** : Ces deux sites sont situés dans des zones **karstiques** calcaires et entourés par la forêt **décidue** assez intacte.

**Régime alimentaire** : Aucune donnée n'existe sur les **populations** de Madagascar. Une **espèce sœur** se trouvant aux Seychelles, *Coleura seychellensis*, se nourrit principalement de Diptera et de Coleoptera (23).

**Gîte diurne** : A Madagascar, les deux gites connus de cette espèce sont des grottes. A Ankarana, dans la Grotte d'Ambatoharanana, des colonies ont été trouvées au niveau de trois endroits différents de la grotte, dans l'ombre, à proximité de l'eau et à 500 m de l'entrée (12, 41). Environ 500 individus se trouvent dans la grotte, avec un maximum de 300 individus dans une colonie, ce qui est beaucoup moins important que les 50 000 individus rapportés des grottes africaines (66).

**Vocalisation** : Les données concernant les animaux de Madagascar ne sont pas disponibles, ceux du Kenya émettent à **Fmax** = 32,2-35,3 kHz (109).

**Conservation** : Préoccupation mineure (110).

---

## *Emballonura atrata* Peters, 1874

Français : Emballonure de Peters
Anglais : Peter's Sheath-tailed Bat

**Identification** : Espèce de très petite taille, fourrure uniforme sur la quasi-totalité du corps, relativement épaisse de couleur brun grisâtre à brun un peu sombre, tête nettement triangulaire, museau pointu relativement court, longues oreilles sans fourrure à bout arrondi, **tragus** en forme de « club de golf » (Figure 35) et **patagium** sombre. Elle ne possède pas de **glande gulaire** ni de **poches alaires**.

**Figure 35**. Portrait d'*Emballonura atrata*. (Dessin par Velizar Simeonovski.)

**Distribution** : **Endémique** de Madagascar. *Emballonura atrata* est rencontrée dans de nombreux sites depuis Maroantsetra, au sud de la Péninsule de Masoala jusqu'à proximité de Tolagnaro, à des altitudes allant du niveau de la mer jusqu'à 975 m (37). Elle est aussi connue des îles de Nosy Mangabe et de Sainte Marie. Dans les régions de la forêt sèche de l'ouest, elle est remplacée par *E. tiavato*.

**Habitat** : *Emballonura atrata* a été rapportée dans de nombreuses localités de basses altitudes de l'est et des forêts de montagnes de l'étage inférieur, des cas sont rapportés dans la forêt littorale (37, 55). L'espèce habite essentiellement la forêt, bien qu'elle ait été trouvée dans des sites de l'**écotone** entre la forêt et les espaces ouverts où l'habitat forestier est profondément secondarisé, ainsi qu'au niveau de gîtes situés à plusieurs centaines de mètres de la végétation naturelle. Elle est beaucoup plus commune des régions en dessous de 150 m.

**Régime alimentaire** : Aucune donnée disponible.

**Gîte diurne** : *Emballonura atrata* occupe les abris sous roche, les puits miniers, les tunnels sous les routes, les grottes, les troncs creux tombés ou encore debout et le dessous des racines d'arbres exposées. Les gîtes sont généralement situés dans les **zones crépusculaires** des grottes. La taille des colonies varie, de un seul individu jusqu'à 80 à 120 animaux (10). Cette espèce gîte également dans les bâtiments, tels que les maisons abandonnées (74).

**Vocalisation** : **FmaxE** = 52,9-54,7 kHz (60, 100).

**Conservation** : Préoccupation mineure (110). A l'échelle locale, cette minuscule espèce est exploitée comme gibier (53).

## *Emballonura tiavato* Goodman, Cardiff, Ranivo, Russell & Yoder, 2006

Français : Emballonure rupestre
Anglais : Rock-dwelling Sheath-tailed Bat

**Identification** : Espèce de très petite taille, pelage relativement épais de couleur brun foncé à brun clair et uniforme sur une grande partie du corps, tête visiblement triangulaire, court museau pointu, longues oreilles sans fourrure à pointes arrondies, **tragus** en forme de club de golf (Figure 36), plus longs et plus larges que ceux d'*E. atrata* et **patagium** sombre. Sans **glande gulaire** ni **poches alaires**.

**Distribution** : **Endémique** de Madagascar. *Emballonura tiavato* est connue à Daraina, au nord et au sud d'Analamerana, à la Montagne des Français, Ankarana, Andavakoera, au sud jusqu'à au moins Bemaraha, Nosy Be et Nosy Komba. Elle est rencontrée à des altitudes partant du niveau de la mer jusqu'à 350 m. Un cas exceptionnel rapporte la présence de l'espèce sur le Mont Ambohijanahary, le long de l'escarpement de l'ouest à 850 m. Dans les zones de forêt humide **sempervirente**, elle cède la place à *E. atrata*.

**Habitat** : *Emballonura tiavato* habite les formations forestières sèches et les zones d'affleurements rocheux, surtout ceux calcaires. Elle est typique des habitats forestiers et constitue probablement l'une des rares chauves-souris malgaches réellement **dépendantes** de la forêt.

**Régime alimentaire** : D'après les données préliminaires, *Emballonura tiavato* se nourrit principalement de Lepidoptera (96).

**Gîte diurne** : *Emballonura tiavato* habite les abris rocheux, les puits miniers et les grottes. Elle se place généralement près des issues de ces passages et dans les **zones crépuscules**. Les recherches menées aux gîtes d'Ankarana ont révélé que l'espèce préfère les passages étroits des grottes et à faible courant d'air (12). La taille des colonies varie d'un individu jusqu'à environ 12 animaux. Cette espèce a été également trouvée dans les bâtiments.

**Figure 36**. Portrait d'*Emballonura tiavato*. (Dessin par Velizar Simeonovski.)

**Vocalisation** : **FmaxE** = 54,2 kHz (60).

**Conservation** : Préoccupation mineure (110).

## Nycteridae

Une seule espèce d'un seul genre de la **famille** des Nycteridae est trouvée à Madagascar (Tableau 7). Cet animal peu connu et **endémique** a été

**Figure 37**. Une des caractéristiques des membres du genre *Nycteris* est la structure cartilagineuse en forme de « y » à l'extrémité de la queue. (Dessin par Christeen Grant.)

**Figure 38**. Photo de *Nycteris hispida* d'Afrique du Sud montrant la fente distincte assez complexe au niveau du nez feuillu des membres de ce genre. (Cliché par Merlin Tuttle.)

rencontré dans le nord, entre Ankarana et Analamerana. Les membres de cette famille se distinguent des autres chauves-souris de l'île par de longues oreilles bien remarquables, la structure cartilagineuse en forme de « y » à l'extrémité de la queue (Figure 37) et une fente au niveau du nez feuillu assez complexe (Figure 38).

**Tableau 7.** Différentes mensurations externes du membre malgache de la famille des Nycteridae. Les mesures sont présentées selon la description originale (50).

| Espèce | Longueur totale (mm) | Longueur de la queue (mm) | Longueur de l'oreille (mm) | Longueur de l'avant-bras (mm) |
|---|---|---|---|---|
| Nycteris madagascariensis | 99 | 54 | 27 | 51 |

## Nycteris madagascariensis G. Grandidier, 1937

Français : Nyctère de Madagascar
Anglais : Madagascar Slit-faced Bat

**Identification** : Chauve-souris de petite taille, fourrure brun grisâtre sur la tête et le dos, gris ardoise sur la gorge et le ventre, court museau, nez feuillu légèrement complexe avec une fente au milieu, petits yeux, longues oreilles remarquables, **tragus** présent mais non proéminent. La seule espèce malgache avec qui elle peut être confondue est *Hipposideros commersoni* qui est cependant nettement plus grande, à nez feuillu plus complexe et complet (sans fente) et des oreilles clairement plus petites.

**Distribution** : **Endémique** de Madagascar. *Nycteris madagascariensis* a seulement été connue grâce à deux échantillons récoltés par Guillaume Grandidier en juin 1910 dans la « vallée du Rodo » [= Irodo] (50), pas très loin de la réserve actuelle d'Analamerana. Ce site est estimé à 80 m d'altitude.

**Habitat** : La **localité type** est aujourd'hui composée de savanes anthropogéniques et de vestiges fragmentés de forêt sèche.

**Régime alimentaire** : Aucune donnée disponible. Une espèce africaine **phylogénétiquement** proche, *Nycteris macrotis*, consomme des Orthoptera, Coleoptera, Isoptera et Diptera (21).

**Gîte diurne** : Aucune information disponible. En Afrique, *Nycteris macrotis* gîte dans les grottes, les aqueducs sous les routes, les troncs de grands arbres tels que les baobabs (69).

**Vocalisation** : Les vocalisations de cette espèce n'ont pas encore été enregistrées.

**Conservation** : Données insuffisantes (110). Malgré les inventaires sur les chauves-souris effectués à Analamerana, juste au sud de la vallée d'Irodo et au sud de l'Ankarana, aucune preuve de l'existence continue de cette espèce n'a été relevée depuis sa première découverte en 1910, sur une période de 100 ans.

# Myzopodidae

Le genre (*Myzopoda*) représenté par deux espèces de la **famille endémique** des Myzopodidae est trouvé à Madagascar (Tableau 8). Les membres du genre *Myzopoda* se distinguent facilement de toutes les autres chauves-souris malgaches par la présence d'une structure en forme de disque au niveau des poignées et des plantes des pieds (Figure 39), de longues oreilles cornées, une lèvre supérieure charnue qui dépasse la lèvre inférieure. Ils possèdent une longue queue qui se prolonge au-delà de l'**uropatagium**, de petits yeux et le nez retroussé qui ne possède aucune structure en forme de feuille.

 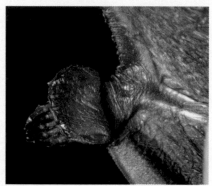

**Figure 39**. Deux membres de la **famille endémique** des Myzopodidae caractérisés par la présence d'une structure en forme de disque au niveau **à gauche**) des poignées et **à droite**) des plantes des pieds. (Clichés par Merlin Tuttle.)

**Tableau 8**. Différentes mensurations externes des membres malgaches de la famille des Myzopodidae. Les chiffres présentent les moyennes des mensurations (les mensurations minimales – maximales, et le nombre (n) des échantillons mesurés (38).

| Espèce | Longueur totale (mm) | Longueur de la queue (mm) | Longueur du pied (mm) | Longueur de l'oreille (mm) | Longueur de l'avant-bras (mm) | Poids (g) |
|---|---|---|---|---|---|---|
| *Myzopoda aurita* | 112,7 (111-114, n=3) | 47,3 (44-50, n=3) | 5,3 (5-6, n=3) | 32,7 (32-34, n=3) | 47,7 (46-49, n=3) | 9,3 (9,0-9,5, n=3) |
| *Myzopoda schliemanni* | 102,3 (92-107, n=3) | 45,6 (44-47, n=7) | 5,7 (5-6, n=6) | 30,9 (30-32, n=7) | 47,4 (45-49, n=7) | 9,3 (7,8-10,3, n=3) |

## *Myzopoda aurita* Milne-Edwards & A. Grandidier, 1878

Français : Chauve-souris à ventouses de Madagascar
Anglais : Eastern Sucker-footed Bat

**Identification** : Chauve-souris relativement de petite taille, comme son nom vernaculaire l'indique, elle possède des structures en forme de disque au niveau des poignets et des plantes des pieds, le disque du poignet est associé à une griffe du pouce (Figure 39). Aucune autre chauve-souris de l'**Ancien Monde** ne présente de tels caractères.
D'autres traits distinctifs sont la tête et le dos brun doré à brun sombre, gorge et ventre brun clair, quelque fois teintés de gris, nez rond retroussé et particulier, très longues oreilles cornées qui se rétrécissent en une pointe, structure à la base de l'oreille en forme de champignon (Figure 40) et **patagium** uniformément sombre. *Myzopoda aurita* se distingue de *M. schliemanni* par la couleur du pelage, ses longues oreilles et par sa distribution géographique.

**Distribution** : **Endémique** de Madagascar. *Myzopoda aurita* est rencontrée le long de la partie orientale de l'île, particulièrement au niveau des zones de basses altitudes, depuis Maroantsetra jusqu'à Tolagnaro. Elle a été auparavant considérée comme rare, mais les inventaires récents ont indiqué qu'elle était plutôt commune dans certains sites (85). Elle est présente à des altitudes allant du niveau de la mer jusqu'à un peu moins de 1 000 m.

**Figure 40.** Portrait de *Myzopoda aurita*. (Dessin par Velizar Simeonovski.)

Elle est remplacée par *M. schliemanni* dans la partie occidentale du pays.

**Habitat** : *Myzopoda aurita* a été capturée dans différents sites, comprenant les forêts littorales intactes à légèrement perturbées, les basses altitudes et de transition entre les forêts de basses altitudes et montagnes ; les zones agricoles qui renferment une végétation naturelle fragmentée et dominées par les rizières et les marais ouverts. La majorité des sites se situent à proximité des endroits où pousse *Ravenala*.

**Régime alimentaire** : Dans la région de Kianjavato, *Myzopoda aurita* se nourrit principalement des Lepidoptera et un peu de Coleoptera (85), qu'elle attrape dans les plantations de caféiers mélangés à la végétation **autochtone**, dont *Ravenala*. Une étude sur son régime alimentaire réalisée dans les zones de basse altitude près d'Ivoloina a montré que les Lepidoptera constituent également l'essentiel de son régime alimentaire, suivi des Coleoptera et des Blattaria (86). Cette chauve-souris se nourrit également d'araignées, ce qui indique qu'elles capturent des **proies** non-volantes **récoltées en surface** sur la végétation ou sur le sol.

**Gîte diurne** : *Myzopoda aurita* utilise les disques de ses poignets et chevilles, non pas par succion comme on l'avait imaginé auparavant (104), mais plutôt par adhésion humide (98). Cette utilisation des disques, surtout lorsque l'animal rampe, implique logiquement qu'il se perche la tête en haut contrairement aux autres chauves-souris qui se perchent la tête en bas. Dans la zone de Kianjavato, l'espèce s'abrite exclusivement dans les feuilles de *Ravenala* partiellement enroulées (85). Des observations au niveau de cinq gîtes ont révélé des colonies de 9 à 51 individus, tous des mâles, qui changent fréquemment de gîte. L'emplacement des femelles reste à déterminer. Les **populations** trouvées à Kianjavato sont probablement composées de mâles encore non reproductifs.

**Vocalisation** : **FmaxE** = 42 kHz (100).

**Conservation** : Préoccupation mineure (110). Une étude récente a démontré que *Myzopoda aurita* est de toute évidence commune, ainsi, les préoccupations antérieures quant à sa rareté peuvent être écartées. Etant donné que *Ravenala* pousse dans les habitats perturbés plutôt que dans la forêt naturelle, la destruction anthropique de l'habitat semble avantager *Myzopoda*. Les menaces potentielles sont relatifs à la collecte des feuilles de *Ravenala* pour la construction des habitations humaines, pendant laquelle les animaux trouvés sont simplement tués et mangés (85).

## *Myzopoda schliemanni* Goodman, Kofoky & Rakotondraparany, 2007

**Français** : Chauve-souris à ventouses de Schliemann
**Anglais** : Schliemann's Sucker-footed Bat

**Identification** : Cette chauve-souris relativement de petite taille possède des structures en forme de disque au niveau des poignets et des plantes des pieds, comme son nom vernaculaire l'indique (Figure 39). Disque du poignet associé à une griffe du pouce. Les autres traits distinctifs sont la tête et le dos brun clair à brun ardoise, gorge et ventre gris-souris, quelque fois teinté de blanc, nez rond retroussé et particulier, très longues oreilles cornées qui se rétrécissent en une pointe, structure à la base de l'oreille en forme de champignon (Figure 41) et **patagium** uniformément sombre. *Myzopoda schliemanni* se distingue de *M. aurita* par la couleur de la fourrure, de plus petites oreilles et par sa distribution géographique.

**Distribution** : **Endémique** de Madagascar. *Myzopoda schliemanni* a été décrite pour la première fois à partir des échantillons d'Ankarafantsika, Namoroka et Ankaboka dans la Province de Mahajanga (38), et par la suite rapportée dans les environs du Lac Kinkony et du nord de Besalampy (80, 83). Elle est rencontrée dans une gamme d'altitudes comprises entre 35 et 200 m. L'espèce possède probablement une grande distribution au niveau des habitats favorables dans la région des basses altitudes du Moyen-ouest central, où elle est visiblement commune dans certaines localités. Elle est remplacée par *M. aurita* dans les parties orientales du pays.

**Figure 41**. Portrait de *Myzopoda schliemanni*. (Dessin par Velizar Simeonovski.)

**Habitat** : *Myzopoda schliemanni* est rencontrée dans la forêt relativement intacte à **dégradée**, dans certains cas, dans les affleurements **karstiques** calcaires exposés, et souvent à proximité des zones humides, des marals ou ruisseaux (38, 58, 83).

**Régime alimentaire** : Dans la région de Besalampy, *Myzopoda schliemanni* se nourrit largement de Lepidoptera, suivi de près par les Blattaria (80). Parmi les échantillons fécaux analysés, un seul individu de fourmi non volante a été retrouvé, ce qui suppose que cette chauve-souris se nourrit en **récoltant sur la surface** de la végétation ou du sol. Elle a été remarquée ratissant la forêt sèche caducifoliée à 0,5 m du sol. Les individus sont souvent très actifs au niveau des habitats ouverts, habitats marécageux et des savanes à *Bismarckia*, plutôt que dans la forêt.

**Gîte diurne** : Dans les zones où *Ravenala* n'est pourtant commune, *Myzopoda schliemanni* choisit les feuilles partiellement enroulées de *Bismarckia nobilis* comme gîte **diurne** (Figure 17), où les colonies comptent de un à 32 individus (Amyot Kofoky, données non publiées). Les individus s'entassent densément et se perchent la tête en haut. Ils constituent des **colonies de maternité** et des **colonies de mâles célibataires**. Le choix de *Bismarckia* plutôt que *Ravenala* comme gîte **diurne** oppose l'espèce de l'ouest à celle de l'est (voir l'espèce précédente). Un groupe de quatre individus de *M. schliemanni* a été trouvé à Namoroka se perchant sur la paroi verticale de la grotte. Le groupe était composé de trois femelles, dont deux en état de se reproduire, et un mâle à larges testicules externes (58). Ces animaux gîtaient la tête en haut et grimpaient le long de la paroi quand ils étaient perturbés.

**Vocalisation** : **FmaxE** = 46,5 kHz (Amyot Kofoky, donnée non publiée).

**Conservation** : Préoccupation mineure (110). La région de savane **anthropogénique** qui renferme

*Myzopoda schliemanni* est dominée par *Bismarckia nobilis* dont les feuilles sont utilisées par l'homme pour la construction ou à d'autres fins, la région est par ailleurs brûlée annuellement pour le pâturage du bétail.

## Molossidae

Huit espèces de Molossidae appartenant à cinq genres (*Chaerephon*, *Mops*, *Mormopterus*, *Otomops* et *Tadarida*) sont trouvées à Madagascar (Tableau 9) dont la moitié des espèces sont **endémiques**. Les membres malgaches des Molossidae se distinguent des autres chauves-souris de l'île par un museau légèrement allongé et émoussé, souvent avec des lèvres larges, ridées et charnues qui leur donnent l'aspect d'un « bull-dog » ; queue relativement longue qui dépasse au-delà de l'**uropatagium** ; fourrure des orteils relativement longue (Figure 42a) ; de moyennes à grandes oreilles qui se rejoignent partiellement ou totalement par un rabat de la peau (Figure 42b). Ils ont de petits yeux, sans feuille sur le museau et une petite structure à la base de l'ouverture de l'oreille.

**Tableau 9**. Différentes mensurations externes des membres malgaches de la famille des Molossidae. Les chiffres présentent les moyennes des mensurations (mensurations minimales – maximales et le nombre (n) des échantillons mesurés) (27, 46, 93, 94, 95).

| Espèce | Longueur totale (mm) | Longueur de la queue (mm) | Longueur du pied (mm) | Longueur de l'oreille (mm) | Longueur de l'avant-bras (mm) | Poids (g) |
|---|---|---|---|---|---|---|
| *Chaerephon leucogaster* mâles de l'ouest central | 86,4 (80-93, n=50) | 30,7 (26-37, n=50) | 5,3 (5-7, n=50) | 15,7 (14-17, n=50) | 35,2 (33-37, n=50) | 7,5 (5,6-10,0, n=50) |
| *Chaerephon leucogaster* femelles de l'ouest central | 86,4 (82-92, n=79) | 30,7 (27-36, n=79) | 5,2 (5-7, n=79) | 15,7 (13-17, n=79) | 35,2 (33-37, n=79) | 7,6 (6,5-9,0, n=33) |
| *Chaerephon atsinanana* mâles de l'est | 95,1 (90-101, n=87) | 33,6 (29-39, n=89) | 5,9 (5-7, n=89) | 16,7 (15-18, n=89) | 39,2 (37-42, n=89) | 11,0 (8,8-14,5, n=89) |
| *Chaerephon atsinanana* femelles de l'est | 94,6 (90-101, n=141) | 33,5 (27-37, n=141) | 6,0 (5-7, n=141) | 16,4 (15-18, n=141) | 39,1 (37-41, n=142) | 11,6 (9,0-16,5, n=142) |
| *Chaerephon jobimena* mâles | 112,3 (107-119, n=9) | 39,9 (32-51, n=9) | 7,9 (7-9, n=9) | 23,1 (22-24, n=9) | 46,7 (46-48, n=9) | 14,6 (12,5-16,0, n=9) |
| *Chaerephon jobimena* femelles | 111,0 (109-115, n=3) | 39,3 (36-45, n=3) | 8,0 (7-9, n=3) | 21,7 (21-27, n=3) | 46,0 (45-47, n=3) | 14,2 (13,0-15,5, n=3) |

| Espèce | Longueur totale (mm) | Longueur de la queue (mm) | Longueur du pied (mm) | Longueur de l'oreille (mm) | Longueur de l'avant-bras (mm) | Poids (g) |
|---|---|---|---|---|---|---|
| *Mops leucostigma* mâles de l'est | 116,1 (107-126, n=275) | 40,6 (35-49, n=275) | 8,5 (6-10, n=275) | 18,1 (42-47, n=276) | 44,4 (42-47, n=276) | 22,5 (17-28, n=275) |
| *Mops leucostigma* femelles de l'est | 113,0 (103-121, n=157) | 40,0 (34-45, n=157) | 8,3 (7-9, n=157) | 17,6 (14-19, n=157) | 43,8 (41-46, n=158) | 20,1 (16-24, n=102) |
| *Mops midas* mâles | 146,5 (135-156, n=14) | 48,1 (43-53, n=14) | 9,3 (8-10, n=12) | 27,2 (25-31, n=15) | 63,4 (60-67, n= 15) | 42,8 (34,0-51,5, n=15) |
| *Mops midas* femelles | 142,1 (134-149, n=46) | 47,1 (41-56, n=46) | 9,1 (7-10, n=46) | 26,6 (22-30, n=45) | 62,5 (59-66, n=51) | 40,3 (30,5-58,5, n=46) |
| *Mormopterus jugularis* mâles des Hautes Terres centrales | 96,6 (90-102, n=111) | 32,9 (20-38, n=111) | 6,0 (5-6, n=111) | 16,4 (14-17, n=66) | 37,3 (30-39, n=66) | 12,1 (8,5-17,0, n=49) |
| *Mormopterus jugularis* femelles des Hautes Terres centrales | 94,7 (88-100, n=66) | 32,7 (28-37, n=66) | 6,0 (6-6, n=66) | 15,9 (15-17, n=66) | 37,4 (36-39, n=66) | 10,5 (8,5-13,0, n=49) |
| *Otomops madagascariensis* mâles | 139,0 (132-146, n=24) | 43,8 (38-50, n=24) | 9,8 (8-11, n=24) | 39,5 (33-42, n=24) | 63,0 (60-66, n=24) | 25,8 (20,5-29,5, n=24) |
| *Otomops madagascariensis* femelles | 133,9 (124-142, n=22) | 42,1 (35-49, n=22) | 9,7 (9-12, n=22) | 35,9 (30-39, n=22) | 60,7 (57-63, n=22) | 23,1 (17,5-26,0, n=22) |
| *Tadarida fulminans* | 152 | 61 | 11 | 21 | 61 | 27,5 |

**Figure 42**. Parmi les caractères qui distinguent les membres de la famille des Molossidae des autres chauves-souris de l'île sont **à gauche**) fourrure des orteils relativement longue (cliché par Manuel Ruedi) et **à droite**) les oreilles qui se rejoignent par un rabat de la peau (cliché par Fanja Ratrimomanarivo).

## *Chaerephon atsinanana* Goodman, Buccas, Naidoo, Ratrimomanarivo, Taylor & Lamb, 2010

Français : Molosse de l'Est malgache
Anglais : Malagasy Eastern Free-tailed Bat

**Identification** : Chauve-souris de taille modérée, plus grande que *C. leucogaster* mais plus petite que *C. jobimena*. Fourrure fine et légèrement soyeuse, tête et dos brun noirâtre, gorge brune (Figure 43), ventre brun sombre avec des tons de blanc et souvent à fine raie beige sur l'intérieur des flancs à la base des ailes. Oreilles arrondies de taille moyenne réunies par une bande de peau qui constitue un pont continu, lèvres distinctement ridées, large structure à la base de l'ouverture de l'oreille, **patagium** noirâtre à blanc translucide, mâles souvent à fourrure allongée sur la tête formant une couronne qui peut être dressée en crête.

**Figure 43**. Portrait de *Chaerephon atsinanana*. (Dessin par Velizar Simeonovski.)

**Distribution** : **Endémique** de Madagascar. *Chaerephon atsinanana* est commune dans la partie orientale de l'île, au moins du sud d'Andapa jusqu'à Vangaindrano (46). L'espèce est rencontrée à des altitudes comprises entre 10 et 1 000 m. Elle vit en **sympatrie** avec *C. leucogaster* à Manakara. Un rapport antérieur de *C. pumilus* à Nosy Be (84) et les animaux en question se réfèrent à *C. leucogaster*.

**Habitat** : *Chaerephon atsinanana* est présente dans une grande variété d'habitats modifiés par l'homme, incluant les paysages agricoles jusqu'à la lisière des forêts relativement intactes et secondaires, les formations savanicoles **anthropogéniques** et les zones urbaines.

**Régime alimentaire** : L'alimentation de *Chaerephon atsinanana* a été étudiée dans la région d'Andasibe, les **proies** les plus consommées sont les Coleoptera, Hemiptera, Lepidoptera et Diptera volants (5). Des variations saisonnières sont observées, beaucoup de Diptera sont consommés durant les mois frais et plus de Coleoptera pendant les mois chauds. Cette espèce se nourrit relativement en hauteur, et parfois au-dessus de la strate de la végétation existante.

**Gîte diurne** : A notre connaissance, les gîtes **diurnes** naturels de *Chaerephon atsinanana* doivent encore être trouvés. C'est cependant un animal **synanthropique** commun, voire abondant dans les villages des basses altitudes de la grande partie de l'est de Madagascar où elle est présente dans les écoles, les hôpitaux, les églises, les maisons privées, les marchés, etc. L'espèce gîte souvent dans les greniers, entre le plafond et le toit. La question est alors de connaître sa distribution passée et les gîtes naturels de l'espèce avant la modification du paysage et les constructions humaines. *Chaerephon pumilus*, une espèce **phylogénétiquement** proche et trouvée sur le continent africain, elle gîte dans les crevasses des rochers et les trous des arbres (69).

**Vocalisation** : **FmaxE** = 27,8 kHz (100).

**Conservation** : Non évaluée (110).

**Autres commentaires** : *Chaerephon atsinanana* a été considérée comme faisant partie de *C. pumilus*, une espèce **Afro-Malgache** largement distribuée, mais a été récemment démontrée comme **endémique** de Madagascar (46). Des auteurs placent *Chaerephon* dans le genre *Tadarida* et le **sous-genre** *Chaerephon*.

## *Chaerephon jobimena* Goodman & Cardiff, 2004

Français : Molosse de l'Ouest malgache
Anglais : Malagasy Western Free-tailed Bat

**Identification** : Chauve-souris de petite taille, plus grande que *Chaerephon atsinanana* et *C. leucogaster*. Fourrure fine et légèrement soyeuse, dont la tête, le dos et la gorge d'une riche couleur brun chocolat (Figure 44), ventre gris brunâtre clair. D'autres tons existent où la tête, le dos et la gorge sont brun roux. Oreilles proportionnellement longues et arrondies, reliées par une bande de peau avec une coupure superficielle en « V », lèvres légèrement ridées, structure à la base de l'ouverture de l'oreille large et asymétrique, **patagium** sombre noir brunâtre sombre et mâles sans fourrure allongée et très proéminente sur la tête (couronne).

**Figure 44**. Portrait de *Chaerephon jobimena*. (Dessin par Velizar Simeonovski.)

**Distribution** : **Endémique** de Madagascar. *Chaerephon jobimena* est largement distribuée dans de nombreuses régions de l'île, mais est uniquement rapportée de quelques localités (27). Elle se rencontre de 50 à environ 900 m d'altitude.

**Habitat** : *Chaerephon jobimena* se trouve dans les zones à roches **sédimentaires**, comme les calcaires à forêt sèche **décidue** de l'Ankarana ou les gréseux à forêt **galerie** de l'Isalo. Elle est également rencontrée dans la forêt de Zombitse qui constitue une forêt de transition, entre la végétation humide **sempervirente** et celle sèche **caducifoliée**, avec aucun affleurement rocheux.

**Régime alimentaire** : Aucune donnée disponible. *Chaerephon jobimena* vit en **sympatrie** avec *C. leucogaster* à Zombitse.

**Gîte diurne** : *Chaerephon jobimena* habite les grottes dans lesquelles elle forme des colonies relativement denses contenant jusqu'à 40 individus. Cependant, un individu a été exceptionnellement capturé dans un filet placé au-dessus de la **canopée** dans la forêt de Zombitse, au niveau d'un site sans rocher exposé. Ainsi, l'espèce gîte probablement dans les creux des troncs et des grandes branches d'arbres comme les baobabs. L'espèce n'a pas été trouvée dans des situations **synanthropiques**.

**Vocalisation** : Les appels de cette espèce n'ont pas encore été enregistrés.

**Conservation** : Non évaluée (110). Les trois sites connus de l'espèce se trouvent à l'intérieur des aires protégées.

## *Chaerephon leucogaster* A. Grandidier, 1870

Français : Molosse de Grandidier
Anglais : Grandidier's Lesser Free-tailed Bat

**Identification** : La plus petite des trois espèces de *Chaerephon* de Madagascar. Fourrure fine et légèrement soyeuse, tête, dos, gorge et poitrine brun sombre (Figure 45), ventre largement blanchâtre. Oreilles de taille moyenne, arrondies, réunies par une bande de peau qui constitue un pont continu, lèvres peu ridées, structure à la base de l'ouverture de l'oreille petite et symétrique, **patagium** généralement noirâtre bien que celui de quelques individus soit blanc translucide, les mâles ont souvent une fourrure allongée sur la

**Figure 45**. Portrait de *Chaerephon leucogaster*. (Dessin par Velizar Simeonovski.)

tête (couronne) qui peut être dressée en crête (Figure 46).

**Distribution** : Selon la **taxonomie** actuelle, *Chaerephon leucogaster* possède une large distribution dans certaines parties de l'Afrique sub-saharienne (représentée par plusieurs **sous-espèces**) et dans les îles de l'Océan Indien occidental dont Madagascar et Mayotte. L'espèce se trouve le long des parties plus sèches de Madagascar, depuis l'extrême nord jusqu'au sud, avec Nosy Be et Nosy Komba. Des cas ont été rapportés du sud-est (Manakara et Tolagnaro), par contre, celui qui a été rapporté de l'Ile Sainte-Marie est incorrect (84). Elle est rencontrée dans une gamme d'altitudes allant du niveau de la mer jusqu'à environ 900 m.

**Habitat** : *Chaerephon leucogaster* se trouve dans une large variété d'habitats qui englobent les forêts sèches **caducifoliées** intactes, les paysages agricoles, les terrains boisés profondément **dégradés**, les savanes **anthropogéniques** ouvertes et les zones urbaines.

**Régime alimentaire** : A notre connaissance, aucune donnée n'est disponible de Madagascar ou du continent africain. *Chaerephon leucogaster* a été trouvée en **sympatrie** avec *C. jobimena* à Zombitse et avec *C. atsinanana* à Manakara.

**Gîte diurne** : *Chaerephon leucogaster* gîte sur une grande partie des régions sèches de Madagascar, surtout dans les villages en dessous de 500 m. Elle est visiblement commune des situations **synanthropiques** et est rencontrée dans plusieurs types de bâtiments, surtout ceux à architecture coloniale où elle occupe les greniers, le dessous des avant-toits et toiture.

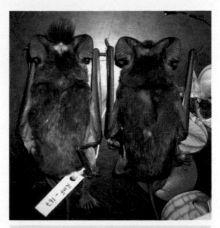

**Figure 46**. Mâle adulte de *Chaerephon leucogaster* avec une couronne très allongée sur la tête (à gauche) qui n'est pas développée chez les femelles (à droite). (Cliché par Fanja Ratrimomanarivo.)

Le seul gîte naturel connu à notre connaissance était celui sous l'écorce en train s'exfolier d'un arbre mort et encore debout avec quatre individus, dans la forêt de Kirindy Mitea (27).

**Vocalisation** : Les appels de cette espèce ne sont pas encore enregistrés.

**Conservation** : *Chaerephon leucogaster* est classée sous *C. pumilus* et est ainsi à préoccupation mineure (110).

**Autres commentaires** : L'**holotype** de *C. leucogaster* a été capturé par Alfred Grandidier à « Mahab », supposé être Mahabo, près de Morondava. L'espèce a été auparavant considérée comme *C. pumilus*, ainsi, les informations publiées sur le régime alimentaire et les vocalisations peuvent être confondues chez les deux **taxa**. Des auteurs incluent *C. leucogaster* dans le genre *Tadarida* et le **sous-genre** *Chaerephon*.

## *Mops leucostigma* G. M. Allen, 1918

Français : Grand Molosse malgache
Anglais : Malagasy Large White-bellied Free-tailed Bat

**Identification** : Chauve-souris d'aspect nettement robuste, mais plus petite que *Mops midas*. Fourrure fine et courte, tête et dos brun grisâtre ou brunâtre, zone presque chauve entre les épaules, gorge et ventre beiges ou blancs (Figure 47). Oreilles arrondies de taille moyenne, réunies par une large bande de peau qui se plie sur elle-même en formant un sac, lèvres clairement ridées, vibrisses courtes et épaisses, structures à la base de l'ouverture de l'oreille asymétriques, **patagium** brun noirâtre. Les mâles possèdent une courte touffe de poils raides derrière les plis des oreilles.

**Figure 47**. Portrait de *Mops leucostigma*. (Dessin par Velizar Simeonovski.)

**Distribution** : *Mops leucostigma* est **endémique** de la région malgache, elle est rencontrée à Madagascar ainsi qu'à Nosy Be, Nosy Komba et aux Comores (Anjouan et Mohéli) (49, 94). Elle est présente partout à Madagascar, à l'exception des Hautes Terres centrales, dans une gamme d'altitudes allant du niveau de la mer jusqu'à 1 200 m.

**Habitat** : *Mops leucostigma* est présente dans de nombreux **environnements**, y compris les zones agricoles et urbaines, à proximité des forêts humides **sempervirentes**, de montagne, sèches **caducifoliées** intactes jusqu'à **dégradées** et aux **écotones** situés entre ces différents types de forêts et les paysages ouverts. Cependant, très peu de rapports mentionnent cette espèce dans les environnements naturels, bien qu'elle ait été piégée dans les forêts très éloignées des contextes **synanthropiques** (ex : Kirindy (CFPF) et Zombitse).

**Régime alimentaire** : Dans la région d'Andasibe, l'alimentation de *Mops leucostigma* est composée essentiellement de Coleoptera, Hemiptera, Lepidoptera et Diptera (5). Une variation saisonnière est observée, les Hemiptera et Diptera sont plus consommés durant les mois frais et les Coleoptera durant les mois chauds.

**Gîte diurne** : *Mops leucostigma* a été trouvée dans de nombreux cadres **synanthropiques**, formant des colonies atteignant 350 individus. Trois cas sont rapportés où l'espèce a été trouvée dans des gîtes **diurnes**

naturels, dans le feuillage supérieur dense d'un cocotier, à l'intérieur d'un trou dans le tronc d'un baobab et sous l'écorce d'un arbre mort encore debout (2). Les colonies trouvées dans ces gîtes naturels comptaient de 7 à 25 individus. Par contre, l'espèce n'a pas encore été trouvée dans des grottes ni dans des fissures ou crevasses des rochers. Elle a été trouvée sous le toit métallique d'un bus abandonné dans une zone ouverte près d'Ankarana où les animaux doivent subir des températures très élevées pendant le jour.

**Vocalisation** : **FmaxE** = 31,1 kHz (100).

**Conservation** : Préoccupation mineure (110).

**Autres commentaires** : Une étude **systématique** récente a permis de distinguer l'espèce *Mops leucostigma* de *M. condylurus* africaine (94). Certains auteurs placent *M. leucostigma* dans le genre *Tadarida* et le **sous-genre** *Mops*.

## *Mops midas* (Sundevall, 1843)

Français : Molosse de Midas
Anglais : Midas' Free-tailed Bat

**Identification** : Chauve-souris d'aspect clairement robuste et nettement plus grande que *Mops leucostigma*. Fourrure fine, courte et éparse, tête et dos brun grisâtre à brun sombre, quelque fois à taches blanches et gorge et ventre beiges ou blancs (Figure 48). Grandes oreilles arrondies réunies par une large bande de peau qui se plie sur elle-même en formant un sac, lèvres clairement ridées, vibrisses courtes et épaisses, structures à la base de l'ouverture de l'oreille asymétriques et **patagium** brun noirâtre avec des taches translucides chez quelques individus. Les mâles ne possèdent pas de courte touffe de poils raides derrière les plis des oreilles comme chez *M. leucostigma*.

**Distribution** : *Mops midas* possède une large distribution dans certaines

**Figure 48**. Portrait de *Mops midas*. (Dessin par Velizar Simeonovski.)

parties de l'Afrique sub-saharienne, de la Péninsule Arabique et de Madagascar, dont Nosy Be. A Madagascar, elle est présente dans des zones de basses altitudes à l'ouest de l'île depuis Nosy Be sud jusqu'à Tsiombe, sur les Hautes Terres centrales, et un cas a été rapporté dans les basses altitudes à Toamasina du côté oriental (93). Elle est présente à des altitudes entre 10 et 1 450 m, majoritairement en dessous de 150 m. Le rapport venant de l'Ile Sainte Marie est erroné (84).

**Habitat** : *Mops midas* est rencontrée dans différents habitats, depuis la forêt sèche **décidue** relativement intacte et le bush épineux, aux paysages agricoles, dans les villages, les savanes **anthropogéniques** ouvertes des Hautes Terres centrales et les zones urbaines.

**Régime alimentaire** : Aucune donnée à Madagascar. *Mops midas* est visiblement de grande taille avec un crâne, des mandibules et une dentition puissants. Sur le continent Africain, elle se nourrit principalement de Coleoptera (8).

**Gîte diurne** : La majorité des gîtes de *Mops midas* connus sont **synanthropiques** (Figure 49), surtout dans les provinces de Toliara et de Mahajanga (93). Les gîtes naturels recensés sont constitués d'un tronc d'arbre creux trouvé à Nosy Be, des crevasses d'un rocher près du Rova d'Antongona (Imerintsiatosika) et du feuillage supérieur et dense d'un cocotier (2, 43, 84). Elle n'a pas été rapportée dans les grottes. L'espèce occupe les gîtes naturels et les bâtiments avec *M. leucostigma*.

**Vocalisation** : Les appels de l'espèce n'ont pas encore été enregistrées à Madagascar, mais ils ont une **Fmax** = 30 kHz (1) en Afrique du Sud.

**Conservation** : Préoccupation mineure (110). *Mops midas* est

**Figure 49**. La grande majorité des gîtes **diurnes** connus pour *Mops midas* sont des sites **synanthropiques**, tels que les espaces entre les briques d'un bâtiment à Sakaraha. (Cliché par Fanja Ratrimomanarivo.)

chassée et préparée comme alimentation animale pour les porcins ou consommée comme gibier par la population locale (43). Les informateurs locaux mentionnent que des gîtes ont été abandonnés suite à ce genre d'exploitation. A Nosy Be, des villageois plus âgés ont été très réticents lorsque des chercheurs ont essayé de capturer des individus de l'espèce occupant le creux d'un arbre vivant. Selon eux, les chauves-souris ont toujours occupé le site et ils les considèrent comme la réincarnation de leurs ancêtres.

**Autres commentaires** : Deux **sous-espèces** différentes ont été classiquement identifiées -- *Mops m. midas* d'Afrique et *M. m. miarensis* de Madagascar, d'après les différences subtiles de leurs caractères externes. Mais les recherches récentes utilisant les données de **génétique moléculaire** et les caractères **morphologiques** ont révélé que ces deux **populations** ne sont pas distinctes, ainsi, la proposition de ne pas séparer ces **sous-espèces** a été avancée (93). Certains auteurs placent *M. midas* dans le genre *Tadarida* et le **sous-genre** *Mops*.

## *Mormopterus jugularis* (Peters, 1865)

Français : Tadaride de Madagascar
Anglais : Peters' Goblin Bat

**Identification** : A l'exception de *Chaerephon leucogaster*, cette espèce est la plus petite Molossidae de Madagascar. *Mormopterus jugularis* possède une tête particulièrement plate (Figure 50). Fourrure nettement fine et courte, tête et dos de couleur brun à brun rougeâtre, gorge et ventre brun clair ou blanc sale. Oreilles non jointes, lèvres lisses, épaisses vibrisses clairsemées, structures à la base de l'ouverture de l'oreille courtes et arrondies et **patagium** brun noirâtre.

**Figure 50**. Portrait de *Mormopterus jugularis*. (Dessin par Velizar Simeonovski.)

**Distribution** : **Endémique** de Madagascar. *Mormopterus jugularis* possède une large distribution sur de nombreuses parties de l'île, les basses altitudes orientales (de Maroantsetra à Tolagnaro), les Hautes Terres centrales et sur la moitié occidentale (95). Elle est présente à des altitudes comprises entre le niveau de la mer et 1 750 m et c'est une des espèces de chauves-souris occupant les différents types de constructions humaines.

**Habitat** : *Mormopterus jugularis* fréquente une grande variété de formations **dégradées** à relativement intactes, y compris les forêts littorales de basses altitudes et de montagne, les forêts **galeries** des régions centrales, les forêts **décidues** du nord et de l'ouest central et le **bush épineux** du sud. En outre, elle a été trouvée dans différents paysages agricoles et savanicoles ouverts. Elle est largement chassée par différents **rapaces nocturnes**, surtout par la Chouette Effraie (33, 90).

**Régime alimentaire** : L'alimentation de *Mormopterus jugularis* a été étudiée dans la région d'Andasibe, les **proies** les plus consommées sont les Coleoptera et les Hemiptera (5). Les Diptera sont rarement capturés. Son régime alimentaire comporte des changements saisonniers, plus de

**Figure 51**. A Ankarana, une colonie de *Mormopterus jugularis* est présente selon les saisons dans une partie de la Grotte d'Andrafiabe (la Cathédrale). Cette colonie contient environ 20 000 individus. Au crépuscule, d'épaisses vagues de chauves-souris quittent la grotte, formant un long ruisseau qui met au moins 40 secondes pour passer. (Cliché par Scott G. Cardiff.)

Hemiptera sont consommés durant les mois frais et plus de Coleoptera durant les mois chauds. Dans les parties sèches du sud et du sud-ouest, les individus gagnent beaucoup de poids vers le mois d'avril, cette masse supplémentaire leur sert probablement à traverser la saison sèche où les insectes disponibles sont en net déclin.

**Gîte diurne** : *Mormopterus jugularis* occupe différents types de gîtes se situant dans une large gamme d'altitudes dans l'est et dans l'ouest, dans les fissures de rochers ou les petites crevasses de falaises, dans les canyons, les gouffres, les affleurements rocheux, ainsi que dans les grottes et les greniers des bâtiments (95). Le plus grand gîte connu se trouve à Ankarana dans la grotte d'Andrafiabe, et renferme environ 22 000 individus (Figure 51),

mais à la fin de la saison sèche, la grotte a été abandonnée. L'espèce a été capturée dans des sites forestiers (Zombitse) sans affleurements rocheux et très éloignés de bâtiments, il est donc présumé qu'elle occupe les cavités des grands arbres comme les baobabs. Elle habite des gîtes **synanthropiques**, en **sympatrie** avec différentes espèces de Molossidae, mais sur de nombreux sites des Hautes Terres centrales, les gîtes ne renferment que *M. jugularis*.

**Vocalisation** : **FmaxE** = 31,7 kHz (100).

**Conservation** : Préoccupation mineure (110).

**Autres commentaires** : Aucun témoignage de la présence à Madagascar de *Mormopterus acetabulosus*, une espèce **endémique** de l'île Maurice (42).

## *Otomops madagascariensis* Dorst, 1953

Français : Molosse à grandes oreilles de Madagascar
Anglais : Malagasy Large-eared Free-tailed Bat

**Identification** : Espèce relativement de grande taille, d'apparence et de coloration caractéristiques, facilement reconnaissable des autres Molossidae de l'île. Fourrure nettement épaisse et légèrement hirsute, nuque, dos et ventre brun chocolat ou brun rougeâtre sombre, collier de la gorge et du dos beige foncé (Figure 52). Oreilles exceptionnellement larges et arrondies, réunies par une large bande de peau, souvent dans une

position avancée par rapport à celles des autres **familles**, petit museau à narines saillantes, lèvre supérieure charnue et sans ride particulière dépassant la lèvre inférieure, **patagium** brun noirâtre. Les mâles possèdent une petite touffe de poils à la base des oreilles.

**Distribution** : **Endémique** de Madagascar. *Otomops madagascariensis* est présente au niveau des grandes zones les plus sèches de la partie occidentale de l'île, mais dans des localités très éloignées les unes des autres (Ankarana, Analamerana, Anjohibe, Namoroka,

Bemaraha, Makay, Isalo, Sept Lacs et la région de Saint Augustin). Elle a été récemment trouvée à Antananarivo. Elle est présente à des altitudes allant du niveau de la mer à 1 350 m.

**Habitat** : L'espèce occupe des régions à rochers **sédimentaires**, surtout calcaires et gréseux, souvent à proximité de la forêt sèche **décidue** relativement intacte ou du bush épineux. Quelques uns des sites énumérés ci-dessus sont très éloignés des formations forestières naturelles. Elle est également connue dans le milieu urbain d'Antananarivo.

**Figure 52**. Portrait d'*Otomops madagascariensis*. (Dessin par Velizar Simeonovski.)

**Régime alimentaire** : L'alimentation d'*Otomops madagascariensis* est composée principalement de Coleoptera et de Lepidoptera volants (4).

**Reproduction** : La biologie de reproduction d'*Otomops madagascariensis* a été étudiée dans les grottes de Bemaraha et près de Sarodrano (4). L'**accouplement** a lieu vers les mois d'octobre et de novembre, au début de la saison pluvieuse correspondant probablement à la plus forte abondance d'insectes. Le sexe ratio est fortement biaisé en faveur des femelles car une colonie contenait 57 femelles gravides et cinq mâles adultes. L'espèce africaine, *O. martiensseni*, forme des groupes reproductifs composés d'un mâle et d'un **harem** de femelles (20), et l'espèce malgache semble utiliser le même système.

**Gîte diurne** : *Otomops madagascariensis* préfère nettement

s'abriter dans les petits dômes de la voûte des grottes (4). Les recherches menées dans les gites **diurnes** à Ankarana ont révélé qu'elle préfère les grottes faisant plus de 1 km de long à ouverture large et assez haute. De plus, les gîtes se trouvent sur des sites où la température est relativement fraîche, en hauteur, près de l'eau et à 300 m des sorties (12). Récemment, un individu a été trouvé dans un bâtiment à Antananarivo (61), ce qui indique que l'espèce semble être au moins partiellement **synanthropique**, comme l'espère africaine *O. martiensseni* (20). Elle gîte peut être aussi dans les crevasses des falaises sous la Haute Ville d'Antananarivo. Ses **vocalisations** de basses fréquences (voir plus bas) ont été entendues pendant la nuit à Antananarivo. Elle ne gîte peut être pas strictement dans les grottes.

**Vocalisation** : **FmaxE** = 16,0 kHz (100). *Otomops madagascariensis* produit des vocalisations de basses fréquences qui sont comprises dans la gamme audible par l'oreille humaine, ainsi, sa présence locale peut être déduite de ces appels.

**Conservation** : Préoccupation mineure (110).

## *Tadarida fulminans* (Thomas, 1903)

Français : Tadaride de Thomas
Anglais : Malagasy Large Free-tailed Bat

**Identification** : Chauve-souris d'apparence clairement robuste, généralement sombre, environ de même taille que *Mops midas*. *Tadarida fulminans* montre un **dimorphisme sexuel**, les mâles ont la tête et le dos brun rougeâtre, la gorge et le ventre rose fauve (Figure 53), les jeunes mâles et les femelles ont la tête, le dos et la gorge brun chocolat et le ventre blanchâtre ou crème. Larges oreilles arrondies non jointes mais dont les bases sont proches, dans une position plus en avant par rapport à celles des autres **familles**, lèvres non ridées, **tragus** bien développé et **patagium** brun. Les mâles adultes ont une zone nue sur la gorge qui correspond à la **glande gulaire**.

**Figure 53**. Portrait du mâle *Tadarida fulminans*. (Dessin par Velizar Simeonovski.)

**Distribution** : *Tadarida fulminans* possède une large distribution sur certaines parties de l'Afrique sub-saharienne (69). A Madagascar, elle est présente sur trois sites dans la partie sud de l'île, près de Fianarantsoa (à environ 1 400 m d'altitude), à Isalo (800 m) et à Sainte Luce (20 m).

**Habitat** : Les informations actuelles ne permettent pas de classer les habitats occupés par cette espèce à Madagascar. Isalo est caractérisé par des falaises gréseuses et la région de Fianarantsoa possède de nombreuses formations granitiques, avec des crevasses et des fissures ; ce sont des habitats typiques de l'espèce en Afrique où elle est rencontrée dans des régions plus chaudes souvent associées avec des points d'eau permanents (69). Sainte Luce est une zone de forêt littorale sans affleurement rocheux, mais de nombreuses grandes falaises se trouvent dans les environs de la Chaîne Anosyenne, certainement accessible à l'espèce en vol.

**Régime alimentaire** : Aucune donnée à Madagascar. En Afrique du Sud, *Tadarida fulminans* se nourrit principalement de Lepidoptera et de Coleoptera non volants (108).

**Gîte diurne** : Peu de détails sont disponibles à Madagascar. *Tadarida fulminans* a été piégée peu après le coucher du soleil à la sortie des canyons d'Isalo et on présume qu'elle s'abrite au niveau des crevasses des formations gréseuses. Aucune évidence de gîtes **synanthropiques** ou dans les creux des arbres n'a été trouvée à Madagascar, comme c'est le cas pour cette espèce en Afrique (69).

**Vocalisation** : Les appels de *Tadarida fulminans* n'ont pas encore été enregistrés à Madagascar, mais en Afrique du Sud, **FmaxE** = 17 kHz (69).

**Conservation** : Préoccupation mineure (110).

## Vespertilionidae

Onze espèces appartenant à six genres (*Eptesicus*, *Scotophilus*, *Pipistrellus*, *Hypsugo*, *Neoromicia* et *Myotis*) se trouvent à Madagascar, parmi lesquelles sept sont **endémiques** et quatre partagées avec le continent africain. Les membres malgaches des Vespertilionidae, surtout au niveau du genre, montrent des différences morphologiques entre eux (Tableaux 10, 11), mais se distinguent des autres chauves-souris de l'île par la présence d'un museau allongé, une queue totalement incluse dans l'**uropatagium**, la 2ème phalange du 3ème doigt sensiblement de même longueur que la 1ère phalange, oreilles minuscules à larges, non réunies et une gamme de **tragi** de formes variées. Sur les portraits présentés suivant chez les différents membres de genres *Eptesicus*, *Neoromicia*, *Hypsugo* et *Pipistrellus*, la longueur du tragus est légèrement exagérée pour souligner certains caractères. Elles ont de petits yeux, sans nez feuillu. Les genres *Eptesicus* et *Scotophilus* possèdent une paire de glandes bien visibles à la base de la gueule (Figure 54).

**Figure 54**. Les membres des genres *Eptesicus* et *Scotophilus* ont de **glandes gulaires** distinctes et développées au niveau de la gorge, comme sur cet individu de *S. robustus*. (Cliché par Manuel Ruedi.)

**Tableau 10**. Différentes mensurations externes des espèces malgaches de la famille des Vespertilionidae, sans les membres du genre *Scotophilus* (voir Tableau 11). Les chiffres présentent les moyennes des mensurations (minimales – maximales et le nombre (n) des échantillons mesurés) (9, données non publiées).

| Espèce | Longueur de la queue (mm) | Longueur du pied (mm) | Longueur de l'oreille (mm) | Longueur de l'avant-bras (mm) | Poids (g) |
|---|---|---|---|---|---|
| *Eptesicus matroka* mâles | 27,4 (26,5-28,0, n=3) | 7,0 (6,7-7,5, n=3) | 11,5, 11,7 (n=2) | 31,9 (31,4-33,0, n=3) | 5,2 (4,0-6,5, n=10) |
| *Eptesicus matroka* femelles | 30,9 (n=1) | 7,4 (n=1) | 10,5 (n=1) | 32,0 (n=1) | 6,6 (5,0-8,5, n=29) (plusieurs gravides) |
| *Pipistrellus hesperidus* mâles | 27,4 (26,4-28,9, n=4) | 6,0 (5,8-6,8, n=4) | 8,8 (8,0-10,1, n=4) | 29,3 (28,6-30,7, n=4) | 3,7 (3,0-4,1, n=9) |
| *Pipistrellus hesperidus* femelles | 25,0 (23,3-25,4, n=8) | 6,4 (5,8-6,9, n=8) | 9,3 (8,3-10,3, n=8) | 30,2 (29,6-30,7, n=8) | 4,8 (2,9-3,3, n=11) (plusieurs gravides) |
| *Pipistrellus raceyi* mâles | 26,1 (22,9-29,0, n=5) | 6,2 (5,3-6,8, n=5) | 8,9 (7,5-10,3, n=5) | 29,0 (28,0-30,2, n=5) | 4,8 (4,1-5,5, n=4) |
| *Pipistrellus raceyi* femelles | 27,9 (26,0-30,3, n=8) | 6,5 (5,9-7,5, n=8) | 9,5 (8,6-10,6, n=8) | 30,0 (28,8-31,2, n=8) | 5,0 (4,2-5,5, n=11) |
| *Hypsugo anchietae* mâles | 28,8, 30,2 (n=2) | 6,5, 7,2 (n=2) | 9,3, 10,3 (n=2) | 27,8, 29,4 (n=2) | -- |
| *Hypsugo anchietae* femelles | 31,3 (28,2-33,2, n=3) | 6,0 (5,7-6,5, n=3) | 10,4 (10,2-10,7, n=3) | 30,2 (29,5-30,8, n=3) | 4,7, 5,7 (n=2) |
| *Neoromicia malagasyensis* | 29,3, 30,4 (n=2) | 5,3, 6,0 (n=2) | 9,8, 11,4 (n=2) | 30,1, 32,0 (n=2) | 3,9, 6,0 (n=2) |
| *Neoromicia capensis* | 27,8, 29,8 (n=3) | 7,6 (6,8-8,2, n=3) | 12,3 (11,5-13,3, n=3 | 35,5 (33,8-37,7, n=3) | -- |
| *Myotis goudoti* | 43,7 (40-47, n=36) | 6,9 (6-8, n=37) | 15,0 (12-17, n=32) | 38,8 (36-41, n=37) | 6,0 (4,2-9,2, n=37) |

## *Eptesicus matroka* (Thomas & Schwann, 1905)

Français : Sérotine de Madagascar
Anglais : Malagasy Serotine

**Identification** : Vespertilionidae est de taille moyenne voire petite, avec des avant-bras variant de 31 à 33 mm. Fourrure légèrement épaisse et longue, tête et dos brun sombre à brun noirâtre, gorge et ventre brun (Figure 55). Visage majoritairement sans fourrure. Oreilles brun sombre sans fourrure, relativement courtes et larges pour la taille de l'animal, **tragus** complètement droit à bord légèrement extérieur et terminé par une pointe arrondie. **Patagium** et **uropatagium** brun noirâtre. Glandes proéminentes à l'intérieur de la gueule.

**Figure 55**. Portrait d'*Eptesicus matroka*. (Dessin par Velizar Simeonovski.)

**Distribution** : **Endémique** de Madagascar. *Eptesicus matroka* est rencontrée dans les parties orientales du pays et des Hautes Terres centrales. Elle est trouvée à des altitudes allant entre 20 et 1 450 m.

**Habitat** : *Eptesicus matroka* a été capturée dans divers milieux, entre les forêts relativement intactes de montagne et de basses altitudes, aux habitats secondaires, tels que les paysages agricoles et les **environnements** urbains **synanthropiques**.

**Régime alimentaire** : Aucune donnée disponible. *Eptesicus capensis*, une espèce africaine **phylogénétiquement** proche, se nourrit d'insectes volants comme Coleoptera, Hemiptera, Diptera, Lepidoptera et Neuroptera (69).

**Reproduction** : Peu de détails disponibles. Une colonie d'environ 30 femelles non reproductives a été trouvée fin avril (74).

**Gîte diurne** : A notre connaissance, aucun gîte **diurne** n'a été trouvé dans les milieux naturels. Durant sa recherche sur les espèces **synanthropiques**, Fanja Ratrimomanarivo a trouvé de nombreux gîtes **diurnes** dans des maisons des zones orientales de basses altitudes et sur les Hautes Terres centrales. Dans la majorité des cas, ces bâtiments sont situés à proximité d'une forêt naturelle **dégradée**, d'une zone boisée (*Eucalyptus*) ou d'un verger. Beaucoup de ces gîtes contenaient des femelles gravides et étaient probablement des **colonies de maternité**. Sur la route de Lakato, un groupe de 30 individus a été trouvé sous le plancher d'une vieille maison proche de la forêt **galerie** (74).

**Vocalisation** : Un animal probablement assigné à *Eptesicus matroka* émet des appels à **FmaxE** = 46,2 kHz (100).

**Conservation** : Préoccupation mineure (110).

**Autres commentaires** : *Eptesicus matroka* a été auparavant considérée comme une **sous-espèce** d'*E. capensis*, un **taxon** africain très répandu. Elle est également placée dans le genre *Neoromicia* par certaines autorités **taxonomiques**.

## *Scotophilus* cf. *borbonicus* (E. Geoffroy, 1803)

Français : Scotophile de la Réunion
Anglais : La Réunion House Bat

**Identification** : Espèce de taille moyenne dans le genre *Scotophilus*, avant-bras faisant environ 52 mm de longueur. Le matériel actuellement disponible ne permet pas de faire une description précise de l'espèce. La description originale de l'espèce par Geoffroy mentionne « pelage marron au-dessus, blanchâtre en dessous », ce qui correspond à notre évaluation de la coloration des échantillons malgaches existants (35). **Tragus** court par rapport à la taille de l'animal,

qui s'attache par une base étroite puis s'élargit, se courbe vers l'avant et se termine par un bout rond.

**Distribution** : *Scotophilus borbonicus* a été décrite pour la première fois sur « l'Ile Bourbon » (La Réunion) en 1803, d'après deux échantillons, dont le premier a apparemment disparu et le second en mauvais état. De plus, de vieux échantillons récoltés par Alfred Grandidier suggèrent l'existence de *S. borbonicus* à Madagascar (16). Une récente comparaison de ces échantillons avec l'**holotype** de *S. borbonicus* n'a pas donné de réponse

**Tableau 11**. Différentes mensurations externes des espèces malgaches de la famille des Vespertilionidae du genre *Scotophilus*. Les chiffres présentent les moyennes des mensurations (minimales – maximales et le nombre (n) des échantillons mesurés) (35, 36).

| Espèce | Longueur totale (mm) | Longueur de la queue (mm) | Longueur du pied (mm) | Longueur du tragus (mm) | Longueur de l'oreille (mm) | Longueur de l'avant-bras (mm) | Poids (g) |
|---|---|---|---|---|---|---|---|
| *Scotophilus* cf. *borbonicus* | -- | 47 (n=1) | 9 (n=1) | 7 (n=1) | 13 (n=1) | 52 (n=1) | -- |
| *Scotophilus marovaza* | 109,2 (100-113, n=6) | 42,2 (38-45, n=6) | 6,1 (6,0-6,5, n=6) | 9,8 (9-11, n=6) | 14,0 (13-14, n=6) | 43,8 (41-45, n=6) | 14,6 (12,5-16,8, n=6) |
| *Scotophilus robustus* | 157,2 (153-163, n=5) | 63,2 (55-70, n=5) | 11,8 (10-13, n=5) | 11,5 (10-13, n=4) | 18,4 (17-20, n=5) | 63,8 (02-65, n=7) | 44,5 (40,5-49,0, n=5) |
| *Scotophilus tandrefana* | 111 (n=1) | 43, 46 (n=2) | 7, 8 (n=2) | 7, 7 (n=2) | 13, 16 (n=2) | 46, 47 (n=2) | 14,2 (n=1) |

définitive sur leur identité spécifique à cause de leur état (35). Un individu récolté par Grandidier en 1868 pourrait être assigné à *S. borbonicus*, ce qui constituerait la seule preuve de son existence à Madagascar.

**Habitat** : Aucune information disponible. Les inventaires récents sur les chauves-souris réalisés dans les régions sèches de Madagascar n'ont pas révélé de preuves supplémentaires de l'existence de cette espèce. *Scotophilus marovaza*, de taille plus petite, est parfois associée à des zones dominées par des savanes à palmiers (36). A La Réunion, ce type d'habitat, dominé par des palmiers lataniers, est profondément perturbé par les activités anthropiques.

**Régime alimentaire** : Aucune donnée disponible.

**Gîte diurne** : Aucune information. Selon les déductions faites sur les *Scotophilus* malgaches, surtout de *S. marovaza*, *S. borbonicus* pourrait s'abriter dans les feuilles des palmiers et dans les **environnements synanthropiques**, au niveau des toits de chaume fabriqué avec le même matériel que les palmiers.

**Vocalisation** : Aucune donnée disponible.

**Conservation** : Données insuffisantes (110). La question se pose si *Scotophilus borbonicus* a **disparu** à La Réunion, si les deux échantillons se sont égarés et qu'il y eu un mélange des échantillons des régions de l'**Ancien Monde**, ou bien si l'espèce reste encore à redécouvrir ? Cependant étant donné que plus de 200 années ont passé depuis la dernière preuve de la présence de cette espèce à La Réunion, elle peut être alors officiellement considérée comme éteinte. Un spécimen récolté par Alfred Grandidier en 1868 à coté de Sarodrano est la seule évidence potentielle connue de cette espèce à Madagascar. Au cours des décennies récentes, avec le changement des toits des constructions en métal et la destruction des forêts de palmiers de basse altitude dans la partie occidentale de Madagascar, il est possible que ces facteurs aient largement affecté les populations locales de *Scotophilus*.

**Autres commentaires** : D'après la **morphologie**, l'échantillon de Grandidier assigné à *Scotophilus* cf. *borbonicus* est un animal différent des trois espèces trouvées à Madagascar. Par conséquent, quatre espèces du genre existent sur l'île.

## *Scotophilus marovaza* Goodman, Ratrimomanarivo & Randrianandrianina, 2006

Français : Scotophile de Marovaza
Anglais : Marovaza House Bat
**Identification** : Espèce de petite taille du genre *Scotophilus*, avant-bras mesurant de 41 à 45 mm de long, nez court retroussé nettement enflé, narines en forme de croissant. Fourrure fine, courte et soyeuse, tête et dos brun rougeâtre avec une bande centrale plus claire dans le dos,

**Figure 56**. Portrait de *Scotophilus marovaza*.
(Dessin par Velizar Simeonovski.)

gorge et ventre jaune clair brunâtre scintillant (Figure 56), **patagium** et **uropatagium** brun sombre. **Tragus** modérément court, en forme de faucille, terminé par une pointe émoussée. Glandes proéminentes à l'intérieur de la gueule.

**Distribution** : **Endémique** de Madagascar. *Scotophilus marovaza* est éparpillée sur différents sites de basses altitudes de l'ouest central de Madagascar, l'**holotype** vient du village de Marovaza, au nord de Mahajanga (36). Elle a été également capturée à Mahabo (Morondava), Ankarafantsika, Kelifely et dans la région du Lac Kinkony (36,83). Cette espèce est présente à des altitudes allant du niveau de la mer à 300 m.

**Habitat** : Ces différent sites sont bien caractérisés par des habitats secondaires de basse altitude, composés à la fois de savane **anthropogénique** et do forët sèche **caducifoliée** ou par des **environnements synanthropiques**,

dominés par des palmiers (*Bismarckia nobilis*) dans la plupart des cas.

**Régime alimentaire** : Aucune donnée disponible. A Anjohibe, l'espèce est trouvée en **sympatrie** avec *Scotophilus robustus*.

**Gîte diurne** : Les gîtes naturels de *Scotophilus marovaza* sont constitués de feuilles verticales légèrement enroulées de palmiers, surtout celles de *Bismarckia*. Le long des régions de basses altitudes de l'ouest central de Madagascar, ce palmier domine les paysages modifiés

**Figure 57**. Construction **synanthropique**, dans le village de Marovaza, au nord de Mahajanga, où l'holotype de *Scotophilus marovaza* a été récolté. La flèche indique l'endroit et la direction que les chauves-souris auraient prise pour rentrer à leur gîte **diurne** à l'intérieur des feuilles de palmiers. (Cliché par Mamy Ravokatra.)

par l'homme. Dans le village de Marovaza, *S. marovaza* a été trouvée sous les toits de maisons habitées, construits en feuilles de palmiers (Figure 57). Au niveau des gîtes, une ouverture bien déterminée se dessine parmi les feuilles de palmiers et mène à une petite poche ouverte, l'odeur musquée caractéristique de l'espèce est évidente (36). Au sein de cet environnement, trois individus de *S. marovaza* ont été trouvées ensemble, deux femelles et un individu de sexe non défini. Dans la région du Lac Kinkony, la plupart des 20 individus capturés se trouvaient dans et aux alentours des villages (83) et gîtaient probablement dans des milieux synanthropiques.

**Vocalisation** : **FmaxE** = 45,9 kHz (60).

**Conservation** : Préoccupation mineure (110). Outre l'incendie régulier des palmiers de savane où l'espèce gîte, nous n'avons pas à notre connaissance d'autres menaces qui pourraient peser sur l'espèce.

## *Scotophilus robustus* Milne-Edwards, 1881

Français : Grande Scotophile de Madagascar
Anglais : Malagasy Large House Bat

**Identification** : Espèce robuste et de grande taille du genre *Scotophilus*, avant-bras mesurant de 62 à 65 mm de long, museau court et narines tubulaires. Fourrure fine et dense, tête et dos brun, gorge et ventre plus clairs (Figure 58), **patagium** et **uropatagium** brun noirâtre. **Tragus** long et étroit, projeté vers l'avant, vrillé à mi-section et terminé par un bout émoussé. Glandes proéminentes à l'intérieur de la gueule (Figure 54).

**Distribution** : **Endémique** de Madagascar. *Scotophilus robustus* possède une large distribution à Madagascar, à des altitudes allant du niveau de la mer jusqu'à 1 400 m. Elle a été trouvée dans les zones de basses altitudes de l'est (Masoala, Marojejy, Fénérive-Est, Vohipeno et Tolagnaro), dans les sites bordant la falaise orientale (Ranomafana, Lakato et Andasibe) et sur les Hautes Terres centrales (Tsinjoarivo et Anjozorobe). Elle est également présente dans les régions de basses altitudes de l'ouest central (Anjohibe, près d'Antsalova, Bemaraha et Zombitse).

**Figure 58**. Portrait de *Scotophilus robustus*. (Dessin par Velizar Simeonovski.)

**Habitat** : Une partie des informations publiées sur *Scotophilus robustus* relate des **environnements** forestiers, les forêts humide **sempervirente**, littorale et de montagne, de la forêt de transition entre humide sempervirente et sèche **caducifoliée** et les formations sèches **décidues**. L'habitat sur ces sites varie de relativement intact à visiblement **perturbé**. L'espèce a été également trouvée dans des sites **synanthropiques**, comme les rizières, très éloignées des paysages forestiers naturels.

**Régime alimentaire** : Aucune donnée disponible. *Scotophilus robustus* a été observée en quête de nourriture entre 1 et 15 m du sol environ. A Bemaraha, elle est en **sympatrie** avec *S. tandrefena*.

**Gîte diurne** : Dans le village d'Anjiro, au niveau des basses altitudes de l'est central, *Scotophilus robustus* a été trouvée s'abritant dans les trous d'une maison faite de bambou, d'argile, à toit métallique et à plafond en *bararata* (*Phragmites* sp.) (92). A Manakara, un gîte a été observé dans le grenier d'une vieille maison en brique à toit métallique ; les chauves-souris sortaient par les trous d'aération. Un troisième gîte trouvé à Vohipeno est similaire à celui de Manakara. Dans chaque cas, le milieu **écologique** de ces trois sites imite les crevasses des affleurements rocheux naturels ou les trous dans les arbres. Cette espèce a été également capturée dans des environnements forestiers naturels très éloignés des affleurements rocheux.

**Vocalisation** : **FmaxE** = 36,3-38,0 kHz (60, 100).

**Conservation** : Préoccupation mineure (110). A Anjiro, *Scotophilus robustus* est consommée localement comme nourriture (43).

## *Scotophilus tandrefana* Goodman, Jenkins & Ratrimomanarivo, 2005

Français : Scotophile de l'Ouest de Madagascar
Anglais : Malagasy Western House Bat

**Identification** : Espèce assez petite du genre *Scotophilus*, avant-bras mesurant de 46 à 47 mm, museau court et narines tubulaires. Pelage fin, dense et un peu long, tête et dos d'une riche couleur brun chocolat sombre à brun, gorge et ventre légèrement plus clairs (Figure 59), **patagium** et **uropatagium** noir brunâtre sombre. **Tragus** relativement court, nettement angulaire (et non courbé comme celui des autres espèces malgaches du genre) et terminé par une pointe émoussée. Glandes proéminentes à l'intérieur de la gueule.

**Distribution** : **Endémique** de Madagascar. *Scotophilus tandrefana* est connue à partir de deux échantillons capturés dans l'ouest central et le sud-ouest de Madagascar. L'**holotype** a été récolté à Bemaraha en 2003 à 50 m d'altitude et le second échantillon à Sarodrano en 1868 près du niveau de la mer.

**Figure 59**. Portrait de *Scotophilus tandrefana*. (Dessin par Velizar Simeonovski.)

**Habitat** : L'holotype a été capturé dans l'**écotone** entre une zone agricole et la forêt sèche **caducifoliée dégradée** à proximité des formations calcaires. L'animal de Sarodrano ne fournit que peu de détails, il a peut-être été trouvé au niveau du toit en feuille de palmier d'une maison du village. Il a été capturé par Alfred Grandidier à la même période que l'unique échantillon malgache connu de *S.* cf. *borbonicus* (35), ce qui indique que les deux espèces étaient **sympatriques**.

**Régime alimentaire** : Aucune donnée disponible.

**Gîte diurne** : Aucune donnée disponible. Cette espèce préfère peut être s'abriter dans les feuilles de palmier, comme *S. marovaza*.

**Vocalisation** : **FmaxE** = 48,2 kHz (60).

**Conservation** : Données insuffisantes (110).

---

## *Pipistrellus hesperidus* (Temminck, 1840)

Français : Pipistrelle sombre
Anglais : Dusky Pipistrelle

**Identification** : Chauve-souris de petite taille, avant-bras mesurant de 29 à 31 mm. Fourrure peu dense, tête et dos allant de brun sombre à brun, gorge et ventre brun-beige (Figure 60). Oreilles nues brun foncé, **tragus** relativement court se terminant par une forme de spatule asymétrique. **Patagium** et **uropatagium** brun sombre. Les membres des genres *Pipistrellus*, *Neoromicia* et *Hypsugo* sont difficiles à distinguer et le meilleur moyen pour vérifier leurs identités sont les **échantillons de référence**.

**Distribution** : *Pipistrellus hesperidus* est largement présente en Afrique sub-saharienne, et a été tout récemment identifiée comme faisant partie de la faune des chauves-souris malgaches (9). A Madagascar, elle est rencontrée dans les régions de basses altitudes de l'ouest central (Kirindy Mitea, Kirindy (CFPF) et Andranomanintsy au nord de Besalampy) du niveau de la mer jusqu'à environ 35 m d'altitude.

**Habitat** : *Pipistrellus hesperidus* se trouve dans des habitats de forêt sèche **caducifoliée** de basses altitudes à différents niveaux de **dégradation anthropique**. A

Andranomanintsy, elle a été piégée au-dessus de plans d'eau situés à l'**écotone** entre la zone marécageuse et la forêt sèche **décidue**. A Kirindy Mitea, 14 individus ont été capturés juste après le coucher du soleil, près de plans d'eau douce qui s'écoulent lentement hors des dunes sableuses situées dans une saline naturelle. Sur le même site, elle a été également capturée à l'intérieur des terres, dans la forêt sèche caducifoliée, alors qu'elle ait descendu pour s'abreuver dans un puits étroit de 4 m de profondeur.

**Figure 60**. Portrait de *Pipistrellus hesperidus*. (Dessin par Velizar Simeonovski.)

**Régime alimentaire** : Aucune donnée à Madagascar. Sur le continent africain, *Pipistrellus hesperidus* se nourrit de Coleoptera, Hemiptera, Diptera et Lepidoptera volants (69).

**Gîte diurne** : Peu de données disponibles à Madagascar. A Besalampy, un individu a été capturé dans une maison. En Afrique du Sud, elle s'abrite dans des fissures étroites de roches **granitique**, par groupe pouvant contenir jusqu'à 10 individus, ou sous l'écorce de se peler d'arbres morts (69). A Andranomanintsy et Kirindy (CFPF), elle vit en **sympatrie** avec *P. raceyi*.

**Vocalisation** : Les appels de *Pipistrellus hesperidus* à Madagascar n'ont pas encore été enregistrés, mais en Afrique du Sud, elle émet à **FmaxE** = 65,4 kHz (69).

**Conservation** : Préoccupation mineure (110).

## *Pipistrellus raceyi* Bates, Ratrimomanarivo, Harrison & Goodman, 2006

Français : Pipistrelle de Racey
Anglais : Racey's Pipistrelle

**Identification** : Chauve-souris de petite taille, avant-bras mesurant de 28 à 31 mm, museau clairement enflé. Pelage court, dos roux clair, tête légèrement plus foncée, gorge et ventre beige-brun (Figure 61). Visage presque totalement nu, oreilles brun-sombre, nues, proportionnellement courtes, long **tragus** en forme de croissant avec une petite entaille à la base. **Patagium** et **uropatagium** noir brunâtre. Les mâles ont un long pénis, faisant environ le tiers de la longueur du corps (Figure 62).

**Distribution** : **Endémique** de Madagascar. *Pipistrellus raceyi* a été récemment décrite, elle possède une grande aire de répartition sur l'île, mais est seulement connue de quelques localités (9). L'**holotype** provient de Kianjavato, elle a ensuite été trouvée dans différents sites de la Province de Toamasina (Ivoloina, Tampolo et Sahafina). A l'ouest, elle est présente à Kirindy (CFPF), dans la forêt des Mikea, à Sarodrano et Andranomanintsy (au nord de Besalampy). Elle est présente à des altitudes allant du niveau de la mer jusqu'à moins de 100 m. La disjonction entre les **populations** orientale et occidentale reste à éclaircir, si elles constituent des espèces différentes ou non. Sur de nombreux sites de l'ouest, *P. raceyi* est **sympatrique** avec *P. hesperidus*.

**Figure 61**. Portrait de *Pipistrellus raceyi*. (Dessin par Velizar Simeonovski.)

**Habitat** : A l'est, *Pipistrellus raceyi* a été trouvée dans les forêts **dégradées** de basses altitudes et littorales, souvent à la limite des zones agricoles ou dans les milieux **synanthropiques**. A l'ouest, elle est présente dans la forêt sèche **caducifoliée** et dans le bush épineux, aussi bien qu'au niveau des sites à habitats transitoires entre ces deux types de végétation.

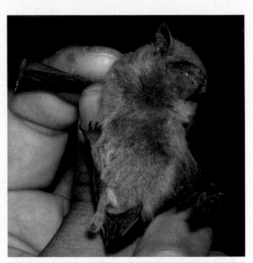

**Figure 62**. Les mâles de *Pipistrellus raceyi* ont un long pénis, significativement plus long que ceux de toutes les autres Vespertilionidae connues à Madagascar. (Cliché par Claude Fabienne Rakotondramanana.)

**Régime alimentaire** : Aucune donnée disponible. Deux individus ont été piégés par un filet japonais pendant qu'ils étaient en train de boire dans une flaque d'eau douce de la grotte de Sarodrano. Au niveau d'autres sites de l'ouest, *Pipistrellus raceyi* a été capturée à 10 km au moins de toute source d'eau. Dans la forêt de Kirindy (CFPF), elle se trouve en **sympatrie** avec *Hypsugo anchietae* et *P. hesperidus*.

**Gîte diurne** : Cette espèce a été trouvée dans la Commune rurale de Kianjavato, dans un contexte **synanthropique**. Le gîte se trouvait dans un trou de la façade d'une maison habitée, avec six individus au maximum (9). Dans l'ouest, nous supposons qu'elle occupe les troncs d'arbres creux comme gîtes **diurnes**, tels que les baobabs.

**Vocalisation** : Les appels de l'espèce n'ont pas encore été enregistrés.

**Conservation** : Données insuffisantes (110).

---

## *Hypsugo anchietae* (Seabra, 1900)

Français : Pipistrelle d'Anchieta
Anglais : Anchieta's Pipistrelle

**Identification** : Petite chauve-souris avec un avant-bras mesurant de 28 à 31 mm. Pelage assez court, tête et dos brun sombre, gorge et ventre d'un mélange de gris et de brun donnant un aspect tacheté (Figure 63). Oreilles nues brun clair de tailles modérées et **tragus** court et arrondi, de la même forme que celui de *Pipistrellus hesperidus*. **Patagium** et **uropatagium** brun. Les mâles n'ont pas le pénis aussi long que celui de *P. raceyi*. *Hypsugo anchietae* et *P. hesperidus* sont facilement confondues d'après leurs caractères externes.

**Figure 63**. Portrait de *Hypsugo anchietae*. (Dessin par Velizar Simeonovski.)

**Distribution** : *Hypsugo anchietae* possède une large distribution dans la partie sud du continent africain, et identifiée seulement tout récemment comme faisant partie de la faune des chauves-souris malgaches (9). A Madagascar, elle est présente dans les zones de basses altitudes de l'ouest (Kirindy CFPF, Zombitse et Kirindy Mitea) et du sud-ouest (Sept Lacs et Sarodrano) à des altitudes allant du niveau de la mer jusqu'à 870 m.

**Habitat** : *Hypsugo anchietae* a été capturée dans des types d'habitats variés : la forêt de transition relativement intacte entre humide **sempervirente** et sèche **décidue**, celle de transition entre sèche décidue et le bush épineux, la forêt sèche décidue et galerie à l'intérieur du bush épineux. A l'ouest, quelques individus ont été capturés au-dessus de l'eau.

**Régime alimentaire** : Aucune donnée disponible pour Madagascar. Dans la forêt de Kirindy (CFPF), l'espèce se trouve en **sympatrie** avec *Pipistrellus raceyi* et *P. hesperidus*. En Afrique du Sud, *Hypsugo anchietae* se nourrit de Hemiptera, Diptera et de Coleoptera volants (69).

**Gîte diurne** : Aucune donnée. On suppose qu'elle s'abrite dans le creux des arbres, comme ceux des baobabs.

**Vocalisation** : A Madagascar, les vocalisations de l'espèce ne sont pas encore enregistrées, mais en Afrique du Sud, elle émet à **FmaxE** = 55,7 kHz (69).

**Conservation** : Préoccupation mineure (110).

---

## *Neoromicia capensis* (A. Smith, 1829) (ex. *N. melckorum* Roberts, 1919)

Français : Sérotine du Cap
Anglais : Cape Serotine

**Identification** : Vespertilionidae de moyenne à petite taille, avant-bras mesurant de 34 à 38 mm, plus grande que *Neoromicia malagasyensis* et *Eptesicus matroka*. Pelage nettement long, tête et dos brun sombre, souvent parsemé de brun clair qui donne un aspect légèrement tacheté, gorge et ventre gris brunâtre (Figure 64). Oreilles nues, brun sombre, de taille modérée, court **tragus** arrondi, de même forme que ceux de *Pipistrellus hesperidus* et *Hypsugo anchietae*. **Patagium** et **uropatagium** brun sombre.

**Figure 64**. Portrait de *Neoromicia capensis*. (Dessin par Velizar Simeonovski.)

**Distribution** : *Neoromicia capensis* possède une large distribution dans la moitié sud du continent africain et identifiée seulement tout récemment comme membre de la faune des chauves-souris malgaches (9). A Madagascar, elle est présente dans la région d'Analamazaotra-Mantadia, d'Anjozorobe et Kirindy (CFPF) à des altitudes allant de 50 à environ 1 300 m.

**Habitat** : *Neoromicia capensis* est connue à l'est de Madagascar dans la zone de la partie supérieure de la forêt des basses altitudes et celle de la forêt de montagne. Cette espèce a été piégée dans la forêt naturelle **dégradée** près d'Anjozorobe et dans une zone agricole renfermant des arbres fruitiers près de Mantadia, ensuite, dans la région de Kirindy (CFPF) dans la forêt sèche **décidue** relativement intacte.

**Régime alimentaire** : Aucune information pour Madagascar. En Afrique du Sud, le régime alimentaire de *Neoromicia capensis* comprend des Coleoptera, Hemiptera, Diptera et Lepidoptera volants (69). Cette espèce vit en **sympatrie** avec

*Eptesicus matroka* à l'intérieur de son aire de répartition.

**Gîte diurne** : Aucune donnée disponible.

**Vocalisation** : A Madagascar, les vocalisations de l'espèce n'ont pas encore été enregistrées, mais en Afrique du Sud, elle émet à **FmaxE** = 39,4 kHz (69).

**Conservation** : Données insuffisantes (110).

---

## *Neoromicia malagasyensis* Peterson, Eger & Mitchell, 1995

Français : Sérotine de l'Isalo
Anglais : Isalo Serotine

**Identification** : Chauve-souris de petite taille, avant-bras mesurant entre 30 et 32 mm. Long pelage, tête et dos brun sombre, gorge et ventre bicolores beige sombre et gris, devenant plus pâles vers la queue (Figure 65). Oreilles nues brun de taille modérée, court **tragus**, large à la base et se terminant par une pointe émoussée. **Patagium** et **uropatagium** brun sombre.

**Figure 65**. Portrait de *Neoromicia malagasyensis*. (Dessin par Velizar Simeonovski.)

**Distribution** : **Endémique** de Madagascar. *Neoromicia malagasyensis* est rencontrée dans une zone restreinte au sein du Massif de l'Isalo et au niveau des pentes à proximité immédiate à l'ouest d'Ilakaka, à des altitudes comprises entre 550 et 700 m.

**Habitat** : Espèce non dépendante de la forêt, la majorité des échantillons ont été capturés dans des filets

installés au-dessus des cours d'eau bordés par des palmiers savanicoles ou au sein de forêts **galeries anthropogéniques** à l'intérieur des canyons.

**Régime alimentaire** : Aucune donnée disponible.

**Gîte diurne** : Aucune information. Les gîtes **diurnes** de *Neoromicia* *malagasyensis* sont supposés se trouver au sein des palmiers qui dominent les habitats savanicoles d'occurrence de l'espèce.

**Vocalisation** : FmaxE = 45,7 kHz (60).

**Conservation** : N'a pas été explicitement traité (110). Etant donné la distribution très limitée de *Neoromicia malagasyensis*, à l'intérieur et aux alentours immédiats de la formation de l'Isalo, et le degré de destruction de l'habitat au sein de son domaine à cause de l'exploitation de saphir et surtout de l'abattage des palmiers, l'espèce subit des pressions importantes.

**Autres commentaires** : *Neoromicia malagasyensis* a été auparavant considérée comme **sous-espèce** d'une espèce sub-saharienne répandue, *N. somalicus* (9, 31).

## *Myotis goudoti* (A. Smith, 1834)

Français : Murin de Madagascar
Anglais : Malagasy Mouse-eared Bat

**Identification** : Vespertilionidae de taille modérée, avant-bras mesurant entre 36 et 41 mm. Long pelage dense et doux, tête et dos brun rougeâtre à brun roux, gorge et ventre composés d'un mélange de gris clair et de gris foncé (Figure 66). Le visage est couvert d'une fourrure rougeâtre. Longues oreilles remarquables et pointues, de couleur brun sombre, à fourrure sur les bords. **Tragus** nettement allongé se terminant par une pointe. **Patagium** et **uropatagium** brun sombre.

**Figure 66**. Portrait de *Myotis goudoti*. (Dessin par Velizar Simeonovski.)

**Distribution** : **Endémique** de Madagascar. *Myotis goudoti* est distribuée à travers Madagascar, y compris Nosy Be et Nosy Komba, à l'exception des zones de haute montagne. Elle est présente à des altitudes allant du niveau de la mer jusqu'à 1 450 m.

**Habitat** : *Myotis goudoti* occupe de nombreux habitats, depuis les plus humides tels que les forêts du nord-est sur la Péninsule de Masoala, jusqu'aux plus arides comme le **bush épineux** du sud-ouest le long du Plateau Mahafaly. Elle est, de toutes les espèces de l'île, la chauve-souris qui possède l'une des distributions écologique et altitudinale les plus larges. Des individus ont été capturés au sein d'une variété d'**environnements** forestiers dans l'est, comme les forêts **dégradées** à relativement intactes du littoral, de basse altitude et de montagne, aussi bien que les paysages savanicoles et agricoles **anthropogéniques** ouverts. A l'ouest, on la trouve dans différents habitats, dont le **karst** calcaire (Ankarana, Anjohibe, Namoroka, Bemaraha et le Plateau Mahafaly), et au sein d'habitats sans roche **sédimentaire** exposé ou profondément dégradés.

**Régime alimentaire** : A Bemaraha, *Myotis goudoti* consomme principalement des Hymenoptera et des Araneae (81). La présence des araignées, non volantes, dans son régime alimentaire indique qu'une partie de sa nourriture est **récoltée en surface**. Son régime alimentaire présente une variation saisonnière, un pourcentage plus élevé de Coleoptera est consommé en novembre et de Lepidoptera en juillet. Une autre étude a révélé que les Coleoptera, Isoptera et Araneae constituent les groupes les plus importants de son régime alimentaire (96).

**Gîte diurne** : A travers son aire de distribution, *Myotis goudoti* occupe les abris sous roches, les crevasses des falaises et les grottes comme gîtes **diurnes**. Les colonies sont composées de quelques animaux jusqu'à 150 individus. Elle gîte en groupe avec d'autres espèces, surtout avec le genre *Miniopterus*. Les recherches menées à Ankarana sur le choix des gîtes ont révélé que *Myotis goudoti* préfère les abris relativement frais, près de l'eau et des sorties (12). Cette espèce est rencontrée d'est en ouest, aux endroits où les rochers ne sont pas exposés, elle occupe probablement les creux des troncs et des branches d'arbres comme gîtes.

**Vocalisation** : **FmaxE** = 63,6-64,4 (60, 100).

**Conservation** : Préoccupation mineure (110). *Myotis goudoti* est consommée comme gibier. Près de Befotaka (Midongy du Sud), par exemple, durant la période de soudure, les garçons des villages inspectent les abris rocheux et collectent les animaux pour les apporter comme supplément protéique à leurs familles (43).

**Autres commentaires** : La forme *anjouanensis*, venant de l'île d'Anjouan aux Comores, a été auparavant considérée comme **sous-espèce** de *Myotis goudoti*, mais est actuellement considérée comme espèce à part entière (113).

## Miniopteridae

La situation actuelle de la **famille** avance 10 espèces appartenant (Tableau 12) à un genre unique (*Miniopterus*), toutes **endémiques** de la région malgache (Madagascar et Comores) et huit endémiques de Madagascar. Les membres de ce genre peuvent être distingués des autres chauves-souris de Madagascar par la 2ème phalange du 3ème doigt faisant trois fois la longueur de la 1$^{ère}$ phalange (Figure 67), par la couleur uniformément sombre noir brunâtre du pelage de toutes les espèces, des tragi bien développés à aspect distinct pour chaque espèce, une longue queue entièrement comprise dans l'**uropatagium**, de petits yeux et l'absence de structures en feuilles au niveau du nez. Sur les différents portraits présentés suivant des membres de ce genre, la longueur du tragus est légèrement exagérée pour souligner certains caractères. Des recherches récentes utilisant la **morphologie** et la **génétique moléculaire** concernant les **taxa** malgaches ont révélé de nombreuses nouvelles espèces et certains problèmes **taxonomiques** à résoudre.

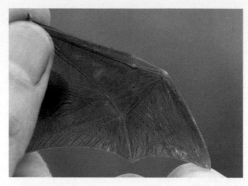

**Figure 67**. Le genre *Miniopterus* est caractérisé par la 2$^{ème}$ phalange du 3$^{ème}$ doigt faisant trois fois la longueur de la 1$^{ère}$ phalange. Cette image montre l'aile de *M. mahafaliensis*. (Cliché par Erwan Lagadec.)

**Tableau 12**. Différentes mensurations externes des espèces malgaches de la famille des Miniopteridae. Les chiffres présentent les moyennes des mensurations (minimales – maximales et le nombre (n) des échantillons mesurés) (39, 40, 44, 45, 48).

| Espèce | Longueur totale (mm) | Longueur de la queue (mm) | Longueur du pied (mm) | Longueur des oreilles (mm) | Longueur du tragus (mm) | Longueur de l'avant-bras (mm) | Poids (g) |
|---|---|---|---|---|---|---|---|
| *Miniopterus aelleni* | 90,7 (88-95, n=12) | 42,1 (40-45, n=12) | 6,1 (5-7, n=12) | 11,1 (10-12, n=12) | 6,1 (5-8, n=12) | 38,3 (35-41, n=12) | 4,6 (3,9-6,5, n=12) |
| *Miniopterus brachytragos* | 87,4 (83-92, n=28) | 40,2 (38-43, n=29) | 5,8 (5-6, n=29) | 10,0 (9-11, n=30) | 3,9 (3-4, n=30) | 36,6 (35-38, n=30) | 4,3 (2,9-6,3, n=30) |
| *Miniopterus gleni* | 123,6 (120-131, n=62) | 58,2 (52-63, n=64) | 8,1 (7-9, n=63) | 13,3 (12-15, n=61) | 8,0 (7-9, n=64) | 48,4 (47-50, n=58) | 13,2 (10,5-17,5, n=104) |
| *Miniopterus griffithsi* | 125,2 (122-128, n=6) | 57,3 (54-63, n=6) | 8,0 (8-8, n=6) | 13,3 (13-14, n=6) | 8,0 (8-8, n=6) | 48,8 (48-50, n=6) | 13,6 (12,0-15,5, n=6) |
| *Miniopterus griveaudi* | 89,3 (86-93, n= 18) | 40,1 (35-43, n=18) | 5,8 (5-7, n=18) | 10,4 (9-11, n=18) | 5,9 (5-7, n=18) | 36,9 (35-38, n=18) | 5,4 (4,1-7,1, n=18) |

| Espèce | Longueur totale (mm) | Longueur de la queue (mm) | Longueur du pied (mm) | Longueur des oreilles (mm) | Longueur du tragus (mm) | Longueur de l'avant-bras (mm) | Poids (g) |
|---|---|---|---|---|---|---|---|
| *Miniopterus mahafaliensis* | 91,1 (87-96, n=68) | 42,3 (38-48, n=70) | 6,3 (6-7, n=64) | 10,4 (9-11, n=67) | 5,8 (5-6, n=70) | 37,4 (35-40, n=67) | 4,9 (3,8-7,3, n=74) |
| *Miniopterus majori* | 115,6 (112-120, n=40) | 55,5 (51-60, n=40) | 7,7 (7-9, n=38) | 11,9 (11-13, n=40) | 7,3 (7-8, n=40) | 45,4 (43-47, n=39) | 9,7 (8,4-12,5, n=39) |
| *Miniopterus manavi* | 90 (n=1) | 39 (n=1) | 6 (n=1) | 10 (n=1) | 6 (n=1) | 38,5 (37,6-39,2, n=4) | 6,4 (n=1) |
| *Miniopterus petersoni* | 92,8 (85-99, n=20) | 42,9 (39-50, n=20) | 9,6 (6,5-11,0, n=20) | 11,6 (10-13, n=20) | 6,7 (6-7, n=17) | 39,8 (38-43, n=19) | 6,0 (4,2-8,2, n=19) |
| *Miniopterus sororculus* | 110,7 (105-115, n=22) | 54,6 (51-58, n=22) | 6,7 (6-8, n=22) | 10,7 (10-12, n=22) | 6,7 (6-8, n=22) | 43,5 (42-45, n=22) | 8,0 (7,0-9,1, n=20) |

## *Miniopterus aelleni* Goodman, Maminirina, Weyeneth, Bradman, Christidis, Ruedi & Appleton, 2009

Français : Arabic... Minioptère d'Aellen
Anglais : Aellen's Long-fingered Bat

**Identification** : Espèce de petite taille, avant-bras mesurant entre 35 et 41 mm. Pelage du corps brun sombre, pas particulièrement long, ventre quelque fois teinté de beige sombre donnant une apparence légèrement tachetée et **tragus** modérément long et presque entièrement droit, terminé par une pointe légèrement émoussée (Figure 68). **Patagium** et **uropatagium** brun clair à marron. Uropatagium à fourrure fine et éparse sur les deux surfaces bien que plus évidente à la partie dorsale.

**Figure 68**. Portrait de *Miniopterus aelleni*.(Dessin par Velizar Simeonovski.)

**Distribution** : **Endémique** de Madagascar et des Comores (Anjouan). *Miniopterus aelleni* est récemment décrite et rencontrée depuis le nord de Madagascar (Montagne d'Ambre et Ankarana) au sud, le long des basses altitudes occidentales, jusqu'à au moins la région de Bemaraha (45, 112). Elle se trouve à des altitudes comprises entre environ 40 et 500 m, à l'exception de la Montagne d'Ambre où elle est présente jusqu'à environ 1 350 m.

**Habitat** : A Madagascar, *Miniopterus aelleni* occupe les zones **karstiques** calcaires exposées, les forêts sèches **décidues** relativement intactes ou **dégradées** et les formations savanicoles **anthropogéniques** avec un peu de végétation naturelle. Sur la Montagne d'Ambre, l'espèce est trouvée dans la forêt de montagne relativement intacte.

**Régime alimentaire** : Des travaux supplémentaires basés sur les données originales (96) du régime alimentaire des *Miniopterus* et sur les changements **taxonomiques** récents révèlent que *M. aelleni*

trouvée à Ankarana se nourrit d'une variété d'insectes volants, dont, par ordre de préférence, Lepidoptera, Hymenoptera, Coleoptera/Orthoptera et Hemiptera. Les estomacs de quatre individus capturés à Bemaraha uniquement renfermaient des Isoptera, un cinquième renfermait des Hymenoptera. Elle est largement **sympatrique** de *M. griveaudi* à travers son aire de distribution géographique.

**Gîte diurne** : *Miniopterus aelleni* occupe les abris sous roche et les grottes, avec d'autres membres du même genre, comme *M. brachytragos*, *M. gleni*, *M. griveaudi* et *M. majori*.

**Vocalisation** : **FmaxE** = 51,9 kHz (Beza Ramasindrazana, données non publiées).

**Conservation** : Non évaluée (110).

**Autres commentaires** : L'espèce nouvellement désignée, *Miniopterus aelleni* a été auparavant considérée comme faisant partie du complexe *M. « manavi »*.

---

## *Miniopterus brachytragos* Goodman, Maminirina, Bradman, Christidis & Appleton, 2009

Français : Mioptère à tragus court
Anglais : Short-tragus Long-fingered Bat

**Identification** : Espèce de petite taille, avant-bras mesurant entre 35 et 38 mm, pelage du corps relativement court et peu dense, de couleur brune à brune sombre, le ventre est taché de beige sombre donnant un aspect tacheté (Figure 69). **Tragus** court et épais avec quelques poils

longs. **Patagium** brun. **Uropatagium** d'un brun plus clair avec un pelage relativement court et dense sur les deux surfaces, mais plus apparent sur la première moitié de la partie dorsale.

**Distribution** : **Endémique** de Madagascar. Selon les rapports concernant quelques localités, *Miniopterus brachytragos* est trouvée à travers le nord de Madagascar, dans la Péninsule de Masoala, au nord de Daraina et à Nosy Komba, puis au sud de Namoroka et Bemaraha (44). Elle est rencontrée à des altitudes allant du niveau de la mer jusqu'à environ 600 m.

**Habitat** : *Miniopterus brachytragos* est rencontrée dans différents types de forêts, comprenant la forêt de basse altitude de la Péninsule de Masoala, passant par les forêts de transition entre humide **sempervirente** et sèche **décidue** près de Daraina et à Nosy Komba et aux forêts décidues des zones **karstiques** calcaires à Namoroka et Bemaraha. Tous les sites confirmés de l'espèce se situent au niveau de formations forestières naturelles, dans des habitats intacts et **dégradés**.

**Régime alimentaire** : Un travail supplémentaire sur les données originales d'une étude publiée (96) concernant le régime alimentaire des membres du genre, et basé sur les récents changements **taxonomiques**, indique qu'à Namoroka, *Miniopterus brachytragos* se nourrit d'insectes volants dont, par ordre de préférence, Coleoptera et Lepidoptera/ Hymenoptera/Isoptera. A Daraina, la même composition est identifiée avec Hemiptera en plus.

**Gîte diurne** : *Miniopterus brachytragos* occupe les abris sous roche et les grottes en compagnie d'autres membres du même genre,

**Figure 69**. Portrait de *Miniopterus brachytragos*. (Dessin par Velizar Simeonovski.)

dont *M. aelleni*, *M. gleni* et *M. griveaudi*. Un seul gîte a été trouvé dans la forêt de Makira contenant environ 4 000 individus identifiés comme étant *M.* « *manavi* ». Etant donné que c'est le seule *Miniopterus* de petite taille formellement identifié dans la région selon les changements **systématiques** récents sur *M. brachytragos* (44), cette observation peut être avancée pour désigner cette espèce.

**Vocalisation** : **FmaxE** = 59,0 kHz (Beza Ramasindrazana, données non publiées).

**Conservation** : Non évaluée (110).

**Autres commentaires** : L'espèce nouvellement nommée, *Miniopterus brachytragos*, a été auparavant considérée comme faisant partie du complexe *M.* « *manavi* ».

## *Miniopterus gleni* Peterson, Eger & Mitchell, 1995

Français : Minioptère de Glen
Anglais : Glen's Long-fingered Bat

**Identification** : Espèce de grande taille, avant-bras mesurant entre 47 et 50 mm. Pelage du corps relativement long et soyeux, tête et dos brun-chocolat sombre, gorge et ventre légèrement plus clairs et **tragus** long et épais, sans protubérance externe, se courbant en avant et se terminant en un bout arrondi (Figure 70). **Patagium** et **uropatagium** uniformément brun sombre, sans taches et avec peu ou pas de fourrure.

**Figure 70**. Portrait de *Miniopterus gleni*. (Dessin par Velizar Simeonovski.)

**Distribution** : **Endémique** de Madagascar et de l'Ile Sainte Marie. *Miniopterus gleni* possède une large distribution à travers l'île. A l'est, elle est rencontrée depuis la Péninsule de Masoala jusqu'à Tolagnaro, quelques cas sont enregistrés sur les Hautes Terres centrales (dans le voisinage d'Antananarivo) et à la Montagne d'Ambre. A l'ouest, elle est trouvée dans des régions **karstiques** calcaires (Montagne des Français, Analamerana, Ankarana, Anjohibe, Namoroka, Bemaraha et Saint Augustin) et dans d'autres régions (forêt des Mikea) (48). Cette espèce est présente à des altitudes partant du niveau de la mer jusqu'à 1 200 m. Dans les régions du sud de la Rivière Onilahy, elle est remplacée par *M. griffithsi*, une **espèce sœur**.

**Habitat** : *Miniopterus gleni* est rencontrée dans des types d'habitats variés, depuis les zones de végétation naturelle relativement intactes à celles perturbées, allant de la forêt humide de basse altitude à celle de montagne, la forêt sèche caducifoliée, le **bush épineux** aussi bien que les régions des Hautes Terres centrales et occidentales en dehors de la forêt naturelle et au niveau des paysages agricoles de basses altitudes.

**Régime alimentaire** : Données non publiées.

**Gîte diurne** : *Miniopterus gleni* occupe des abris sous roche et les grottes comme gîtes **diurnes**, elle constitue généralement de petits groupes de huit individus au plus (99). Dans certains cas, les individus s'abritent dans de petits dômes présents dans la voute des grottes, de 5 à 10 m du sol, mais également attachés sur les parois quasiment verticales. Elle occupe les mêmes gîtes en compagnie d'autres membres du genre : *M. aelleni*, *M. brachytragos*,

*M. griveaudi*, *M. mahafaliensis* et *M. majori*. Les recherches sur le choix du gîte menées à Ankarana ont révélé que *M. gleni* préfère les grottes relativement longues, à ouvertures hautes et larges, près de l'eau et dont le plafond est relativement bas (12). L'espèce gîte également dans les gros conduits de drainage (43).

**Vocalisation** : FmaxE = 42,3 kHz (Beza Ramasindrazana, données non publiées).

**Conservation** : Préoccupation mineure (110). Dans certaines régions de l'île, *Miniopterus gleni* est consommée comme supplément protéique (43).

**Autres commentaires** : Les individus de *Miniopterus gleni* ont été auparavant désignés comme *M. inflatus* (52). Une étude **génétique** récente a révélé une faible variation au sein de *M. gleni* à Madagascar et ses îles voisines, ce qui impliquerait un mélange considérable des **populations**, lié à la **dispersion**.

## *Miniopterus griffithsi* Goodman, Maminirina, Bradman, Christidis & Appleton, 2010

Français : Carioptère de Griffiths
Anglais : Griffiths' Long-fingered Bat

**Identification** : Espèce de grande taille, avant-bras entre 48 et 50 mm de long. Pelage du corps relativement long et dense, tête et partie supérieure du dos de couleur brune à brune claire, partie inférieure du dos brun, gorge et ventre brun à brun clair parsemé de brun, **tragus** long et épais, dont la partie externe supérieure possède une extension distincte, courbée vers l'avant et se terminant par un bout émoussé ou carré (Figure 71). **Patagium** et **uropatagium** brun sombre à brun avec des taches nettement claires sur l'uropatagium, présentant peu de fourrure.

**Figure 71**. Portrait de *Miniopterus griffithsi*. (Dessin par Velizar Simeonovski.)

**Distribution** : **Endémique** de Madagascar. *Miniopterus griffithsi* est nouvellement décrite. Elle possède une distribution restreinte dans la partie sud ouest de l'île, au niveau de localités situées sur le Plateau Mahafaly près d'Itampolo, à l'est de la zone de Ranopiso (48). Elle se trouve à des altitudes entre 25 et 110 m. A partir du nord de la Rivière de l'Onilahy jusqu'au reste de l'île, elle est remplacée par son **espèce sœur**, *M. gleni*.

**Habitat** : *Miniopterus griffithsi* est restreinte aux zones climatiques les plus sèches de l'île, dans la région du bush épineux. Elle a été capturée au niveau d'un habitat légèrement **dégradé** du bush épineux, dans une région **karstique** calcaire, à la fois au-dessus et aux pieds du Plateau Mahafaly. Les animaux de Ranopiso ont été piégés dans une forêt **galerie** perturbée composée d'un mélange de végétation **introduite** et **autochtone**.

**Régime alimentaire** : Aucune donnée disponible.

**Gîte diurne** : *Miniopterus griffithsi* occupe les abris sous roche et les grottes en compagnie d'un autre membre du même genre, *M. mahafaliensis*. Au niveau de l'un des gîtes étudiés, l'entrée de la grotte constitue un gouffre qui tombe verticalement sur environ 130 m.

**Vocalisation** : FmaxE = 44,1 kHz (Beza Ramasindrazana, données non publiées).

**Conservation** : Non évaluée (110). Au sein de plusieurs grottes du Plateau Mahafaly où vit *Miniopterus griffithsi*, la population locale exploite les chauves-souris durant les périodes de famine. Cette espèce est, au moins occasionnellement, consommée (48). Selon les données préliminaires obtenues, la **surface occupée** par l'espèce est estimée à 740 m².

## *Miniopterus griveaudi* Harrison, 1959

Français : Minioptère de Griveaud
Anglais : Griveaud's Long-fingered Bat

**Identification** : Espèce de petite taille, avant-bras entre 35 et 38 mm de long. Pelage du corps pas particulièrement long, de couleur brune sombre à noirâtre, mais certains individus sont brun rougeâtre, ventre parsemé de taches beige grisâtre donnant un aspect légèrement tacheté et **tragus** modérément long et quasiment droit, légèrement courbé et se terminant par un bout arrondi (Figure 72). **Patagium** allant d'un brun sombre à marron,

**Figure 72**. Portrait de *Miniopterus griveaudi*. (Dessin par Velizar Simeonovski.)

**uropatagium** brun plus clair et sans fourrure sur les deux surfaces.

**Distribution** : **Endémique** de Madagascar et des Comores (Grande Comore et Anjouan). *Miniopterus griveaudi* est rencontrée dans les parties nord de Madagascar (Ankarana, Montagne des Français, Analamerana et près de Daraina), au sud le long des basses altitudes occidentales jusqu'à au moins Bemaraha (45, 112). Elle est trouvée dans une gamme d'altitudes allant du niveau de la mer jusqu'à 600 m. Cette espèce est **sympatrique** de *M. aelleni* à travers une grande partie de sa distribution.

**Habitat** : En général, à Madagascar, *Miniopterus griveaudi* est rencontrée dans les zones de **karst** calcaire au sein de la forêt sèche **décidue** relativement intacte ou **dégradée**, et dans les formations savanicoles **anthropogéniques** ouvertes à peu de végétation **autochtone**.

**Régime alimentaire** : Des études supplémentaires sur les données originales (96) concernant le régime alimentaire et basées sur les changements **taxonomiques** récents des membres de ce genre, indiquent que l'espèce trouvée à Bemaraha se nourrit largement d'Isoptera, en plus de quelques ordres identifiés (Hymenoptera et Coleoptera). Une étude sur le régime alimentaire de *Miniopterus* « *manavi* » a été menée à Bemaraha (81), mais la taxonomie du complexe de l'espèce a changé, de sorte que la véritable espèce de la **population** étudiée est devenue incertaine. Etant donné que *M. griveaudi* est l'espèce la plus commune dans ce site, ces informations concernent probablement cette espèce.

**Gîte diurne** : *Miniopterus griveaudi* occupe les abris sous roche et les grottes, en compagnie d'autres membres du genre, comme *M. aelleni*, *M. brachytragos*, *M. gleni* et *M. majori*. Un gîte a été trouvé dans un grand trou au niveau du tronc d'un baobab à Kirindy Mitea, contenant près de 150 *M.* « *manavi* » (probablement *M. griveaudi*) (2), un autre trouvé à Anjohibe contenait environ 1 000 *M.* « *manavi* » (probablement *M. griveaudi*) (83). Les recherches menées dans les grottes d'Ankarana révèlent que *M.* « *manavi* » (probablement *M. griveaudi* pour la plupart) gîte relativement près des sorties, dans les parties où le plafond est relativement bas (12).

**Vocalisation** : **FmaxE** = 59,9 kHz (Beza Ramasindrazana, données non publiées).

**Conservation** : Données insuffisantes (110).

**Autres commentaires** : Le nom *griveaudi* a été auparavant assigné aux **populations** de *Miniopterus manavi* ou de *M. minor* des Comores, mais des études récentes ont montré que l'espèce se trouve également à Madagascar et devrait être considérée comme une espèce différente (45, 112).

## *Miniopterus mahafaliensis* Goodman, Maminirina, Bradman, Christidis & Appleton, 2009

Français : Marioptère Mahafaly
Anglais : Mahafaly Long-fingered Bat

**Identification** : Espèce de petite taille, avant-bras mesurant entre 35 et 40 mm. Fourrure du corps relativement dense, tête et dos brun, gorge et ventre parsemées de gris, **tragus** modérément large, légèrement courbé vers l'avant et se terminant par un bout arrondi (Figure 73). **Patagium** marron, virant vers brun plus clair au niveau de l'**uropatagium**. Poils relativement denses sur l'uropatagium, plus nets sur la première moitié de la partie dorsale.

**Figure 73**. Portrait de *Miniopterus mahafaliensis*. (Dessin par Velizar Simeonovski.)

**Distribution** : **Endémique** de Madagascar. *Miniopterus mahafaliensis* est nouvellement nommée et se trouve dans les parties sèches du sud de Madagascar, dont les zones à l'intérieur des terres près d'Ihosy et Isalo, et les régions de basses altitudes allant du sud de Kirindy Mitea jusqu'à au moins Itampolo (44). L'espèce est trouvée à des altitudes allant du niveau de la mer jusqu'à 950 m.

**Habitat** : *Miniopterus mahafaliensis* est présente au niveau de différentes variétés d'habitats arides souvent associés à des formations forestières. Dans la région du sud-ouest des Hautes Terres centrales, elle a été capturée à Isalo, le long de la Rivière Sahanafa au sein d'un mélange de manguiers et d'arbres **autochtones**

de forêt **galerie**, et près d'Ihosy dans une zone ouverte avec une végétation naturelle arbustive. Dans les basses altitudes du sud-ouest, l'espèce se trouve au sein des forêts de transition, entre sèche **caducifoliée** et **bush épineux**, intactes jusqu'à profondément perturbées, la majorité de ces sites se trouvent au sein de **karst** calcaire.

**Régime alimentaire** : Aucune donnée publiée.

**Gîte diurne** : Des colonies composées de 120 individus au plus ont été trouvées dans les grottes. L'espèce occupe les abris sous roche et les grottes en compagnie d'autres membres du même genre, dont *Miniopterus griffithsi* et *M. majori*.

**Vocalisation** : **FmaxE** = 59,6 kHz (Beza Ramasindrazana, données non publiées).

**Conservation** : Non évaluée (110). Le long du Plateau Mahafaly, la population locale exploite les chauves-souris de plusieurs grottes où l'espèce se trouve, comme complément protéique durant la période de soudure (26).

**Autres commentaires** : L'espèce nouvellement nommée, *Miniopterus mahafaliensis*, a été auparavant considérée comme faisant partie du complexe *M.* « *manavi* » (44).

## *Miniopterus majori* Thomas, 1906

Français : Minioptère de Major
Anglais : Major's Long-fingered Bat

**Identification** : Espèce de taille moyenne, avant-bras entre 43 et 47 mm de long. Corps recouvert d'une fourrure relativement dense, tête et dos d'une riche couleur brun chocolat sombre, gorge et ventre d'une riche couleur brune sombre plus claire et **tragus** modérément long avec une base un peu plus épaisse, se rétrécissant légèrement au milieu, puis légèrement courbé vers l'avant avant de se terminer par un bout arrondi (Figure 74).

Figure 74. Portrait de *Miniopterus majori*. (Dessin par Velizar Simeonovski.)

**Patagium** et **uropatagium** noire brunâtre sombre avec une légère couverture de fourrure sur la longueur de la queue.

**Distribution** : **Endémique** de Madagascar. *Miniopterus majori* est largement confinée sur les Hautes Terres centrales, mais elle a été également trouvée près de Tolagnaro (65). Des rapports mentionnant *M. majori* à la Montagne d'Ambre et au niveau de différentes zones de la côte ouest depuis le nord de Mahajanga jusqu'à proximité de Toliara peuvent

concerner des **taxa** encore inconnus à la science. D'après la définition actuelle de l'espèce, *M. majori* est présente à des altitudes allant du niveau de la mer à plus de 1 550 m.

**Habitat** : *Miniopterus majori* est trouvée au sein d'une grande variété d'habitats à Madagascar, et constitue l'une des rares **microchiroptères** vivant en haute altitude. Sur les Hautes Terres centrales, elle se trouve dans les zones à proximité de la forêt intacte aussi bien que dans les zones profondément modifiées par l'homme.

Un individu de la Montagne d'Ambre a été capturé à 1 000 m, dans une zone de forêt humide **sempervirente**, et ceux de la côte ouest ont été capturés dans une zone de transition entre forêt sèche **caducifoliée** et **bush épineux**, et d'autres encore dans le bush épineux.

**Régime alimentaire** : Aucune donnée publiée. Sur les parties les plus élevées des Hautes Terres centrales, durant les mois frais, des évidences sur l'état de **torpeur** des individus de l'espèce sont observées (74), mais nous n'avons aucune preuve solide de l'**hibernation**.

**Gîte diurne** : Dans la majorité des cas, les gîtes **diurnes** sont localisés dans les abris sous roche et les grottes, mais l'espèce occupe également les bâtiments, comme les individus trouvés dans une église à Fianarantsoa (65). Cette espèce occupe souvent le même gîte que d'autres membres du genre : *M. aelleni*, *M. gleni*, *M. griveaudi*, *M. mahafaliensis*, *M. manavi* et *M. sororculus*.

**Vocalisation** : **FmaxE** = 48,5 kHz (Beza Ramasindrazana, données non publiées).

**Conservation** : Préoccupation mineure (110). Cette espèce n'est pas associée aux **écosystèmes** forestiers relativement intacts, mais se trouve dans les régions profondément modifiées par les activités anthropiques des Hautes Terres centrales.

**Autres commentaires** : Les échantillons ramassés à la Grande Comore vers la fin du 19ème siècle sont les seuls enregistrements connus de *Miniopterus majori* en dehors de Madagascar. Ces échantillons ont probablement dû être mal étiquetés mais effectivement récoltés à Madagascar (29). Une récente étude **génétique** a montré peu de variation au sein des **populations** de *M. majori* des Hautes Terres centrales et du sud-est de Madagascar, ce qui impliquerait qu'il y a eu un mélange considérable des populations lors de leur **dispersion**. Les animaux légèrement plus petits trouvés au sud-ouest et à la Montagne d'Ambre n'ont pas été considérés dans ces études moléculaires et demeurent à déterminer s'ils sont référables à *M. majori*.

## *Miniopterus manavi* Thomas, 1906

Français : Minioptère Manavi
Anglais : Manavi Long-fingered Bat

**Identification** : Espèce de petite taille, avant-bras mesurant entre 38 et 39 mm. Corps recouvert d'un pelage long et hirsute, de couleur brune sombre à noire, quelques individus sont brun rougeâtre, le ventre de couleur légèrement plus claire et **tragus** relativement fin, légèrement courbé vers l'avant dont l'extrémité se termine par un bord à angle droit (Figure 75). **Patagium** et **uropatagium** noir brunâtre sombre, la fourrure du dos s'étend sur environ la moitié de la surface supérieure de l'uropatagium.

**Distribution** : **Endémique** de Madagascar. D'après les révisions **taxonomiques** récentes, *Miniopterus manavi* se retrouve au niveau des Hautes Terres centrales, depuis Fandriana jusqu'au sud de Ranomafana (Ifanadiana) et à Vinanitelo. Elle est présente à des altitudes comprises entre 900 et 1 500 m.

**Habitat** : La majorité des récents rapports vérifiables concernant *Miniopterus manavi* relatent les animaux capturés dans leurs gîtes **diurnes** ou en train de chercher leur nourriture pendant la nuit dans les forêts de montagne (**dégradées** ou relativement intactes) ou encore capturés dans des paysages agricoles présentant des vestiges de parcelles d'un mélange d'arbres **autochtones** et **introduits**.

**Régime alimentaire** : Aucune donnée publiée. Dans les régions les plus élevées des Hautes Terres centrales, des preuves de l'état de **torpeur** des animaux sont relevées durant les mois frais, mais nous n'avons recueilli aucune preuve solide de leur **hibernation**.

**Gîte diurne** : *Miniopterus manavi* occupe les abris sous roche et les grottes, avec d'autres membres du même genre, dont M. *majori* et M. *sororculus*.

**Vocalisation** : FmaxE – 57,2 kHz (Beza Ramasindrazana, données non publiées).

**Figure 75**. Portrait de *Miniopterus manavi*. (Dessin par Velizar Simeonovski.)

**Conservation** : Préoccupation mineure (110). Cette évaluation a été réalisée avant les récents changements de la **systématique** du complexe de cette espèce. Un certain nombre de rapports apparaissent dans la littérature relatant l'exploitation des *Miniopterus* « *manavi* ». Dans le voisinage de Befotaka (Midongy du Sud), par exemple, au niveau d'un abri rocheux habitant une grande colonie de M. « *manavi* », les garçons des villages ramassent jusqu'à 100 individus par visite pour les apporter à leurs familles comme supplément protéique (43).

**Autres commentaires** : Cette espèce a été considérée comme possédant une large distribution à Madagascar (74), mais les récentes études morphologiques et la **génétique moléculaire** ont distingué au moins cinq espèces différentes (44, 45).

## *Miniopterus petersoni* Goodman, Bradman, Maminirina, Ryan, Christidis & Appleton, 2008

Français : Minioptère de Peterson
Anglais : Peterson's Long-fingered Bat

**Identification** : Espèce de moyenne à petite taille, avant-bras mesurant entre 38 et 43 mm. Corps recouvert d'un pelage relativement dense et assez long, de couleur brune parsemée de brune plus claire, **tragus** relativement droit qui se rétrécit un peu vers l'extrémité, courbé vers l'avant et se terminant par un bout arrondi (Figure 76). **Patagium** et **uropatagium** noire brunâtre sombre avec une légère couverture de fourrure sur l'uropatagium. Longueur totale et longueur de la queue visiblement plus courtes que celles de *Miniopterus majori* et *M. sororculus*.

**Figure 76**. Portrait de *Miniopterus petersoni*. (Dessin par Velizar Simeonovski.)

**Distribution** : **Endémique** de Madagascar. *Miniopterus petersoni* est restreinte aux régions de basses altitudes du sud-est, depuis les sites de l'ouest de Tolagnaro et probablement jusqu'au nord de Kianjavato (40). Les échantillons provisoirement assignés à *M. petersoni* capturés près de Maroantsetra et à la Montagne d'Ambre nécessitent plus de recherches afin de déterminer leur identité **taxonomique**. *Miniopterus petersoni* est présente à des altitudes variant entre 10 et 550 m.

**Habitat** : *Miniopterus petersoni* est rencontrée dans les zones de basses altitudes, dans la majorité des cas, elle est associée aux forêts humides de basses altitudes ou littorales intactes à profondément perturbées, souvent à proximité ou au sein de l'**écotone** entre la forêt et les habitats **anthropogéniques** ouverts. Les individus capturés à l'ouest de Tolagnaro sont issus de la forêt transitoire entre humide et sèche et des forêts **galeries**.

**Régime alimentaire** : Aucune donnée publiée.

**Gîte diurne** : Une colonie composée d'au moins 100 individus a été trouvée à l'intérieur d'un grand abri sous roche au-dessus de Manantantely (Tolagnaro) en février 2007. Mais, la grande majorité des échantillons a été capturée à l'aide de filets japonais, au niveau de différents sites sans affleurements rocheux. Par conséquent, *Miniopterus petersoni* est supposée s'abriter dans les creux des troncs d'arbres, au moins dans une partie de son domaine.

**Vocalisation** : **FmaxE** = 53,2 kHz (Beza Ramasindrazana, données non publiées).

**Conservation** : Données insuffisantes (110). En mai 2010, la colonie de Manantantely a été revisitée, des crottes fraiches ont été observées sur le sol de l'abri sous roche mais aucune chauve-souris n'a pu être observée. Un informateur a mentionné qu'une personne locale a visité le site et a ramassé plusieurs seaux de ces chauves-souris comme gibier.

**Autres commentaires** : Cette espèce nouvellement nommée a été auparavant considérée comme faisant partie de *Miniopterus fraterculus*, un **taxon** actuellement restreint au continent africain (40).

## *Miniopterus sororculus* Goodman, Ryan, Maminirina, Fahr, Christidis & Appleton, 2007

Français : Minioptère petite sœur
Anglais : Small Sister Long-fingered Bat

**Identification** : Espèce de taille moyenne, avant-bras mesurant entre 42 et 45 mm. Corps recouvert d'un pelage relativement dense, tête et dos brun sombre, gorge et ventre légèrement plus clairs et **tragus** modérément long, extrémité de forme asymétrique avec un épaississement de la surface supérieure (Figure 77). **Patagium** et **uropatagium** noire brunâtre sombre avec peu ou pas de fourrure à la surface.

**Figure 77**. Portrait de *Miniopterus sororculus*. (Dessin par Velizar Simeonovski.)

**Distribution** : **Endémique** de Madagascar. *Miniopterus sororculus* est présente dans la partie centrale des Hautes Terres centrales et au niveau d'un site situé près d'Ihosy, à des altitudes comprises entre 950 et 2 200 m (39).

**Habitat** : La plupart des animaux assignés à *Miniopterus sororculus* ont été capturés dans les régions des Hautes Terres centrales, dans des habitats fortement **dégradés** et très éloignés des habitats forestiers naturels. A Ihosy cette espèce a été rencontrée dans une zone de savane sèche **anthropogénique**.

**Régime alimentaire** : Aucune donnée publiée. Dans les régions plus élevées des Hautes Terres centrales, ces animaux entrent en état de **torpeur** durant les mois frais (74), mais nous n'avons aucune preuve solide qu'ils **hibernent** réellement.

**Gîte diurne** : *Miniopterus sororculus* occupe des grottes rocheuses **sédimentaires**, les abris sous roche et les greniers de maisons habitées (39). Elle a été trouvée dans un même gîte avec d'autres membres du genre *M. majori* et *M. manavi*.

**Vocalisation** : **FmaxE** = 55,3 kHz (Beza Ramasindrazana, données non publiées).

**Conservation** : Préoccupation mineure (110). *Miniopterus sororculus* n'est pas associée aux **écosystèmes** forestiers relativement intacts mais se trouve dans les régions fortement modifiées par les activités **anthropiques** des Hautes Terres centrales.

**Autres commentaires** : Cette espèce nouvellement nommée a été auparavant considérée comme faisant partie de *Miniopterus fraterculus*, un **taxon** qui se retrouve actuellement restreint sur le continent africain.

# PARTIE 3. GLOSSAIRE

## A

**Accouplement** : appariement de deux individus, un mâle et une femelle, dans l'acte de relation sexuelle ou coït.

**Adaptation** : état d'une espèce qui la rend plus favorable à la reproduction ou à l'existence sous les conditions de son environnement.

**Afro-Malgache** : organisme ou taxon d'origine mixte, africaine et malgache.

**Allaiter** : donner le sein à un jeune.

**Anatomique** : relatif à la structure du corps.

**Ancêtre** : tout organisme, population ou espèce à partir duquel d'autres organismes, population ou espèces sont nés par reproduction.

**Ancien Monde** : dénomination d'un ensemble de régions, composé de l'Europe, de l'Asie et de l'Afrique.

**Anthropogénique (anthropique)** : effets, processus ou matériels générés par les activités de l'homme.

**Antitragus** : lobe à la base du bord externe de l'oreille.

**Autochtone** : espèce que l'on trouve naturellement dans un endroit.

## B

**« Bat detector »** : appareil utilisé pour détecter la présence des chauves-souris en ramenant leurs écholocations ultrasoniques à des fréquences audibles par les êtres humains.

**Bioacoustique** : étude des sons que produisent les animaux.

**Biodiversité** : qui se réfère à la variété ou à la variabilité entre les organismes vivants et les complexes écologiques dans lesquels ils se trouvent.

**Biogéographie** : distribution des espèces animales et végétales sur notre planète et l'évolution de cette distribution.

**Biomasse** : masse totale d'organismes vivants dans un biotope donné à un moment donné.

**Bush épineux** : habitat du domaine du Sud constitué généralement par des broussailles caducifoliées et des fourrés épineux.

## C

**Caducifoliée (caduque)** : les forêts caducifoliées sont constituées des plantes qui perdent la majorité de leurs feuilles lors de la saison sèche (voir décidue).

**Canopée** : couche supérieure de la végétation par rapport au niveau du sol, généralement celle des branches d'arbres et des épiphytes. Dans les forêts tropicales, la canopée peut se situer à plus de 30 m au-dessus du sol.

**Carnivora** : ordre de la classe des mammifères qui possède, en général, de grandes dents pointues, des mâchoires puissantes et qui chassent d'autres animaux.

**Carnivore** : organisme qui mange de la viande.

**Cavernicole** : animaux vivant dans les grottes et les cavernes

**Chaîne alimentaire** : série d'organismes qui utilisent le suivant, dans une série des sources de nourriture.

**Chiroptera** : ordre des Chiroptères qui regroupe les mammifères volants, communément appelés chauves-souris.

**Chiroptèrologues** : scientifiques qui étudient les chauves-souris (Chiroptera).

**Clade** : groupe d'espèces qui partagent des caractéristiques héritées d'un ancêtre commun.

**Classification** : acte d'attribuer des classes ou catégories à des éléments de même type.

**Colonie de mâles célibataires** : colonie composée de mâles.

**Colonie de maternité (Colonie de reproduction)** : colonie composée de femelles et de leurs jeunes.

**Colonisation** : occupation d'une région donnée par une ou plusieurs espèces.

**Compétition** : type d'interaction entre des organismes ou des espèces dans lequel le taux de reproduction de l'un est diminué par la présence de l'autre.

**Conservation** : préservation des ressources naturelles.

**Convergent** : similarités retrouvées indépendamment chez deux ou plusieurs organismes qui n'ont pas un ancêtre proche.

**Crèches** : groupe de jeunes sensiblement du même âge qui sont placés ensemble.

**Cycle de vie** : succession complète des changements subis par un organisme au cours de sa vie.

**D**

**Décidue** : les forêts décidues sont constituées de plantes qui perdent la majorité de leurs feuilles lors de la saison sèche (voir caducifoliée).

**Dégradé** : détérioration de la qualité, du niveau ou de l'équilibre d'un habitat ou d'un écosystème.

**Dents de lait** : chez les mammifères, dent de la série des déciduales qui seront remplacées par les dents permanentes.

**Dépendant** : organisme dont l'existence repose sur un autre ou une situation naturelle.

**Dimorphisme sexuel** : différence morphologique et/ou comportementale observé entre les mâles et les femelles d'un taxon.

**Disparition** : extinction de tous les membres d'une unité taxonomique.

**Dispersion** : dissémination des individus d'une espèce, souvent à la suite d'un évènement majeur de reproduction. Les organismes peuvent se disperser comme graines, œufs, larves ou en tant qu'adultes.

**Dissémination** : acte d'éparpiller ou de diffuser quelque chose aux alentours.

**Distribution** : la distribution d'une espèce correspond à la zone géographique dans laquelle elle est présente.

**Diversité** : terme utilisé pour désigner le nombre de taxa donnés.

**Domaine vital** : zone occupée par un animal dans ses activités normales.

# E

**Echantillon de référence** : échantillon qui sert de base aux études et retenu comme référence.

**Echolocation** : utilisation des échos pour la détection d'objets, comme observée chez les chauves-souris.

**Ecologie** : domaine de la biologie qui étudie les relations entre les êtres vivants, et entre ces derniers et leur environnement.

**Ecosystème** : tous les organismes trouvés dans une région particulière et l'environnement dans lequel ils vivent. Les éléments d'un écosystème interagissent entre eux d'une certaine façon, et de ce fait dépendent les uns des autres directement ou indirectement.

**Ecotone** : zone de transition située entre deux différentes communautés végétales adjacentes.

**Ectoparasites** : parasite qui vit à la surface d'un organisme hôte.

**Ejecta** : matériel recraché, comme des fruits partiellement mangés.

**Endémique** : organisme natif d'une région particulière et inconnu nulle part ailleurs.

**Endémisme** : fait d'être unique à un endroit géographique particulier, tel qu'à une île spécifique, à un type d'habitat ou à d'autres zones définies.

**Environnement** : endroit et conditions dans lesquels vit un organisme.

**Eocène** : période géologique comprise entre 56 et 34 millions d'années passées.

**Espèces cryptiques** : espèces qui sont clairement différentes selon leurs gènes, mais qui sont pourtant difficiles à distinguer d'après leurs caractéristiques physiques.

**Espèces sœurs (espèces jumelles)**: espèces extrêmement proches phylogénétiquement qui peuvent cohabiter mais qui ne se reproduisent plus entre elles.

**Evolution** : déroulement des évènements impliqués dans le développement évolutif d'une espèce ou d'un groupe taxonomique d'organismes.

**Exotique** : espèce non originaire (introduite) d'une région.

**Extirpation** : disparition locale au niveau d'un site ou région alors que le taxon en question est toujours présent ailleurs.

# F

**Famille** : rang taxonomique de la classification biologique, situé entre l'ordre et le genre.

**Fèces** : déjections des chauves-souris ou guano.

**Fmax** : fréquence maximale de l'appel ultrasonique d'une espèce de chauves-souris.

**FmaxE (« peak frequency »)** : fréquence contenant le maximum d'énergie (kHz).

**Fossile** : restes minéralisés d'un animal ou d'une plante ayant existé dans un temps géologique passé.

**Frugivore** : animal qui mange essentiellement des fruits.

# G

**Galerie** : bande de forêt naturelle le long des cours d'eau.

**Généraliste** : organisme qui peut survivre sous des conditions très variées, et qui ne s'est pas spécialisé pour vivre sous un ensemble particulier de circonstances.

**Génétique** : discipline de la biologie qui implique la science de l'hérédité et les variations des organismes vivants.

**Génétique moléculaire** : recherche qui concerne la structure et l'activité d'un matériel génétique au niveau moléculaire.

**Gestation** : période de développement de l'embryon.

**Glande gulaire** : glande sébacée située sous la peau de certains animaux, dont certaines chauves-souris.

**Gondwana** : supercontinent qui a existé du Cambrien jusqu'au Jurassique, composé essentiellement de l'Amérique du Sud, de l'Afrique, de Madagascar, de l'Inde, de l'Antarctique et de l'Australie.

**GPS (« Global Positioning System »)** : appareil servant à déterminer les coordonnées géographiques d'un lieu, par la transmission des données par satellite.

**Granite** : roche magmatique formée par la cristallisation en profondeur de la roche mère au sein de la croûte terrestre.

**Guano** : engrais fabriqué avec les excréments des chauves-souris.

**H**

**Habitat** : endroit et conditions dans lesquels vit un organisme.

**Harem** : structure sociale dans laquelle plusieurs femelles s'associent et se reproduisent avec un seul mâle.

**Herbivore** : espèce se nourrissant exclusivement de plantes vivantes.

**Hibernation** : état dans lequel se trouve un organisme ou un groupe d'organismes qui ralentit son métabolisme durant une période donnée.

**Holotype** : unique échantillon qui caractérise et est attaché au nom scientifique d'une espèce ou sous-espèce donnée.

**I**

**Implantation** : processus pendant laquelle l'œuf fertile s'implante dans la muqueuse utérine chez les mammifères placentaires.

**Insectivore** : organisme qui consomme principalement des insectes.

**Introduit** : organisme non originaire d'un endroit donné mais ramené d'un autre, exotique.

**Invertébré** : animal sans colonne vertébrale, comme les insectes.

**K**

**Karst** : paysage façonné dans des roches calcaires. Les paysages karstiques sont caractérisés par des formes de corrosion de surface, mais aussi par le développement de cavités et grottes grâce à la circulation des eaux souterraines.

**L**

**Larynx** : organe de vocalisation chez les mammifères, situé à l'extrémité supérieure de la trachée.

**Localité type** : localité exacte où un échantillon type originel a été capturé.

**M**

**Mammalia** : classe des vertébrés, animaux à sang chaud caractérisés par les glandes mammaires chez les femelles.

**Mammifère** : tout animal à sang chaud et vertébré de la classe des Mammalia.

**Mégachiroptères** : classification qui regroupe essentiellement les chauves-souris frugivores de la famille des Pteropodidae.

**Métaboliser** : transformer une substance par le métabolisme d'un organisme vivant.

**Microchiroptères** : classification qui regroupe plusieurs familles de chauves-souris essentiellement insectivores et utilisant l'écholocation.

**Microhabitat** : combinaison spécifique des éléments d'un habitat au niveau de l'endroit occupé par un organisme.

**Migratoire** : relatif à la migration, déplacements effectués par un groupe d'animaux ou par des individus durant leur vie.

**Mono-œstrus** : femelle ayant un seul cycle de chaleurs par an.

**Monogame** : animal qui n'a qu'un seul partenaire.

**Monophylétique** : terme appliqué à un groupe d'organismes composé du plus récent ancêtre commun de tous les membres et des descendants. Un groupe monophylétique est également appelé un clade.

**Morphologie** : aspect et structure qui concernent généralement les formes, les éléments et l'arrangement des caractéristiques des organismes vivants et fossiles.

**N**

**Niveau supérieur** : classification taxonomique qui concerne généralement un niveau supérieur au genre.

**Nocturne** : organisme actif la nuit.

**Nouveau Monde** : dénomination de l'Amérique (du Nord, Centrale et du Sud).

**O**

**Œstrus** : période du cycle menstruel d'un mammifère femelle durant laquelle elle est réceptive pour la reproduction, l'accouplement et la fertilisation des œufs.

**Ovulation** : libération d'un ovocyte par l'ovaire, habituellement au milieu du cycle menstruel.

**P**

**Paraphylétique** : terme appliqué à un groupe d'organismes composé par le plus récent parent commun à tous les membres, et une partie mais non la totalité des descendants de ce plus récent parent commun.

**Paratype** : chaque échantillon de la série type autre que l'holotype, ayant servi à la typification d'un taxon nouveau pour la science.

**Patagium (membranes alaires) :** membrane tendue entre les doigts d'une chauve-souris (voir Figure 22).

**Perturbation :** événement ou série d'évènements qui bouleversent la structure d'un écosystème, d'une communauté ou d'une population et altèrent l'environnement physique.

**Phylogénétique :** étude de la relation évolutive au sein de différents groupes d'organismes, comme les espèces ou les populations.

**Phylogénie :** relations au sein des organismes, particulièrement les aspects des branchements des lignées induits par la véritable histoire évolutive.

**Pléistocène :** période géologique comprise entre 11 000 et 2 000 ans passées.

**Poches alaires :** glande sébacée située entre l'avant-bras et le 5ème doigt sur la surface ventrale du patagium, de certaines chauves-souris.

**Pollinisateur :** animal qui apporte le pollen d'une plante à fleurs à une autre et qui contribue à la reproduction de la plante.

**Pollinisation :** transport des grains de pollen (élément mâle) sur le pistil (élément femelle) de la fleur pour assurer la fécondation. Ce transport est effectué par le vent, les insectes ou d'autres animaux.

**Polygynie :** pratique de l'accouplement avec plus d'une femelle dans une période relativement courte.

**Poly-œstrus :** femelle ayant plusieurs cycles de chaleurs par an.

**Population :** organismes appartenant à la même espèce et trouvés dans un endroit particulier à un moment donné.

**Prédateur :** organisme qui chassent et consomment d'autres organismes.

**Proie :** organisme chassé et mangé par un prédateur.

**R**

**Rapace :** tout oiseau qui chasse d'autres animaux.

**Récoltant sur la surface** (« gleaning ») : activité de récolter (la nourriture) au raz d'une surface.

**Régénération :** reconstitution d'une partie détruite.

**Régime alimentaire :** aliments consommés par un organisme.

**Reproduction :** processus biologique par lequel de nouveaux individus sont produits par l'activité sexuelle.

**S**

**Sanguinivore :** organisme qui se nourrit de sang, comme le vampire en Amérique centrale et en Amérique du Sud.

**Sédimentaire :** roche formée par le dépôt et le compactage de sédiments, la dégradation de la roche mère, à la surface de la croûte terrestre.

**Sempervirent :** formations végétales dont le feuillage demeure présent et vert tout au long de l'année.

**Sonar :** moyen qu'utilisent de nombreuses espèces de chauves-souris pour émettre des pulsations sonores et en écouter les échos.

**Sous-espèce :** unité taxonomique d'un niveau inférieur à l'espèce.

**Sous-genre** : unité taxonomique d'un niveau inférieur au genre.

**Spécialiste** : organisme qui a adopté un style de vie spécifique sous un ensemble de conditions particulières.

**Spéciation** : processus évolutif par lequel une nouvelle espèce biologique apparait.

**Subfossile** : restes osseux encore non minéralisés comme pour un vrai fossile, formés dans un passé géologique récent.

**Subsistance** : action ou fait de se maintenir à un niveau minimum.

**Sympatrique (Sympatrie)** : deux ou plusieurs organismes qui coexistent dans un même endroit sans s'hybrider.

**Synanthropique** : espèces d'animaux vivant à proximité de l'homme.

**Systématique** : science qui étudie la classification des organismes vivants ou morts.

**T**

**Taxon** : unité taxonomique ou catégorie d'organismes : sous-espèce, espèce, genre, etc. (Pluriel : **taxa**).

**Taxonomie** : science ayant pour objet la désignation et la classification des organismes.

**Torpeur (léthargie)** : ralentissement de l'activité physiologique et engourdissement prolongé.

**Tragus** : petit rabat cartilagineux situé devant l'ouverture externe de l'oreille (voir Figure 22).

**Tropiques** : régions du globe où le climat subit peu de changements saisonniers, que ce soit la température ou les précipitations. Les Tropiques se situent essentiellement entre 23 degrés au nord et au sud de l'équateur.

**Tube digestif** : ensemble des organes par lesquels transitent les aliments solides et liquides quand ils sont avalés, digérés et éliminés.

**U**

**Uropatagium** : membrane tendue entre les pattes et la queue d'une chauve-souris (voir Figure 22).

**V**

**Vecteur** : animal qui transmet un virus ou un parasite.

**Vocalisation** : sons produits qui sortent de la bouche ou des narines.

**Y**

**Yeux luisants** : effets de la réflexion de la lumière sur une membrane iridescente située derrière ou dans la rétine de certains mammifères, appelée *tapetum lucidum*.

**Z**

**Zone crépusculaire** : portion d'une grotte incomplètement éclairée par la lumière.

# BIBLIOGRAPHIE

1. **Aldridge, H. D. J. N. & Rautenbach, I. L. 1987.** Morphology, echolocation and resource partitioning in insectivorous bats. *Journal of Ecology*, 56: 763-778.

2. **Andriafidison, D., Andrianaivoarivelo, R. & Jenkins, R. K. B. 2006.** Records of tree roosting bats from western Madagascar. *African Bat Conservation Newsletter*, 8: 5-6.

3. **Andriafidison, D., Andrianaivoarivelo, R. A., Jenkins, R. K. B., Ramilijaona, O., Razanahoera, M., MacKinnon, J. & Racey, P. A. 2006.** Nectarivory by endemic Malagasy fruit bats in the dry season. *Biotropica*, 38: 85-90.

4. **Andriafidison, D., Kofoky, A., Mbohoahy, T., Racey, P. A. & Jenkins, R. K. B. 2007.** Diet, reproduction and roosting habits of the Madagascar free-tailed bat, *Otomops madagascariensis* Dorst, 1953 (Chiroptera: Molossidae). *Acta Chiropterologica*, 9: 445-450.

5. **Andrianaivoarivelo, R. A., Ranaivoson, N., Racey, P. A. & Jenkins, R. K. B. 2006.** The diet of three synanthropic bats (Chiroptera: Molossidae) from eastern Madagascar. *Acta Chiropterologica*, 8: 439-444.

6. **Andrianaivoarivelo, R. A., Ramilijaona, O. R. & Andriafidison, D. 2007.** *Rousettus madagascariensis* Grandidier 1929 feeding on *Dimnocarpus longan* in Madagascar. *African Bat Conservation News*, 11: 3-4.

7. **Andriatsimietry, R., Goodman, S. M., Razafimahatratra, R., Jeglinski, J. W. E., Marquard, M. & Ganzhorn, J. U. 2009.** Seasonal variation in the diet of *Galidictis grandidieri* Wozencraft, 1986 (Carnivora: Eupleridae) in a sub-arid zone of extreme south-western Madagascar. *Journal of Zoology*, 279: 410-415.

8. **Archer, A. L. 1977.** Results of the Winifred T. Carter Expedition 1975 to Botswana, Mammals – Chiroptera. *Botswana Notes and Records*, 9: 145-154.

9. **Bates, P. J. J., Ratrimomanarivo, F., Harrison, D. L. & Goodman, S. M. 2006.** A review of pipistrelles and serotines (Chiroptera: Vespertilionidae) from Madagascar, including the description of a new species of *Pipistrellus*. *Acta Chiropterologica*, 8: 299-324.

10. **Bayliss, J. & Hayes, B. 1999.** The status and distribution of bats, primates and butterflies from Makira Plateau, Madagascar. Unpublished report to Fauna and Flora International.

11. **Bollen, A. & Van Elsacker, L. 2002.** Feeding ecology of *Pteropus rufus* (Pteropodidae) in the littoral forest of Sainte Luce, SE Madagascar. *Acta Chiropterologica*, 4: 33-47.

12. **Cardiff, S. G. 2006.** Bat cave selection and conservation in Ankarana, northern Madagascar. Master of Arts thesis in Conservation Biology, Columbia University, New York.

13. **Cardiff, S. G., Ratrimomanarivo, F. H., Rembert, G. & Goodman, S. M. 2009.** Hunting, disturbance and roost persistence of bats in caves in Ankarana, Madagascar. *African Journal of Ecology*, 47: 640-649.

14. **Cheke, A. S. & Dahl, J. F. 1981.** The status of bats on western Indian Ocean islands, with special reference to *Pteropus*. *Mammalia*, 45: 205-238.

15. **Decary, R. 1950.** *La faune malgache, son rôle dans les croyances et les usages indigènes.* Payot, Paris.

16. **Dorst, J. 1947.** Les chauves-souris de la faune Malgache. *Bulletin Muséum National d'Histoire Naturelle*, série 2, 19: 306-313.

17. **Eger, J. L. & Mitchell, L. 2003.** Chiroptera, bats. In *The natural history of Madagascar*, eds. S. M. Goodman & J. P. Benstead, pp. 1287–1298. The University of Chicago Press, Chicago.

18. **de Wit, M. J. 2003.** Madagascar: Heads it's a continent, tails its an island. *Annual Review of Earth Planetary Science*, 31: 213–248.

19. **Dollar, L. J., Ganzhorn, J. U. & Goodman, S. M. 2006.** Primates and other prey in the seasonally variable diet of *Cryptoprocta ferox* in the dry deciduous forest of western Madagascar. In: *Primate anti-predator strategies*, eds. S. L. Gursky & K. A. I. Nekaris, pp. 63-76. Springer Press, New York.

20. **Fenton, M. B., Taylor, P. J., Jacobs, D. S., Richardson, E. J., Bernard, E., Bouchard, S., Debaeremaeker, K. R., ter Hofstede, H., Hollis, L. Lausen, C. L., Lister, J. S., Rambaldini, D., Ratcliffe, J. M. & Reddy, E. 2002.** Researching little-known species: The African bat *Otomops martiensseni* (Chiroptera: Molossidae). *Biodiversity and Conservation*, 11: 1583–1606.

21. **Findley, J. S. & Black, H. L. 1983.** Morphological and dietary structuring of a Zambian insectivorous bat community. *Ecology*, 64: 625–630.

22. **Flacourt, E. de. 1658** [réimprimé en 1995]. *Histoire de la Grande Isle Madagascar.* Edition présentée et annotée par Claude Allibert. INALCO-Karthala, Paris.

23. **Gerlach, J. & Taylor, M. 2006.** Habitat use, roost characteristics and diet of the Seychelles sheath-tailed bat *Coleura seychellensis*. *Acta Chiropterologica*, 8: 129-139.

24. **Golden, C. D. 2009.** Bushmeat hunting and use in the Makira Forest, north-eastern Madagascar: a conservation and livelihoods issue. *Oryx,* 43: 386-392.

25. **Goodman, S. M. 1999.** Notes on the bats of the Réserve Naturelle Intégrale d'Andohahela and surrounding areas of southeastern Madagascar. In A floral and faunal inventory of the Réserve Naturelle Intégrale d'Andohahela, Madagascar: With reference to elevation variation, ed. S. M. Goodman. *Fieldiana: Zoology*, new series, 94: 252–258.

26. **Goodman, S. M. 2006.** Hunting of Microchiroptera in south-western Madagascar. *Oryx*, 40: 225-228.

27. **Goodman, S. M. & Cardiff, S. G. 2004.** A new species of

*Chaerephon* (Molossidae) from Madagascar with notes on other members of the family. *Acta Chiropterologica*, 6: 227-248.

28. **Goodman, S. M. & Griffiths, O. 2006**. A case of exceptionally high predation levels of *Rousettus madagascariensis* by *Tyto alba* (Aves: Tytonidae) in western Madagascar. *Acta Chiropterologica*, 8: 553-556.

29. **Goodman, S. M. & Maminirina, C. P. 2007**. Specimen records referred to *Miniopterus majori* Thomas, 1906 (Chiroptera) from the Comoros Islands. *Mammalia*, 2007: 151-156.

30. **Goodman, S. M. & Pidgeon, M. 1992**. Madagascar Harrier Hawk (*Polyboroides radiatus*) preying on flying fox *(Pteropus rufus)*. *Ostrich*, 62: 215-216.

31. **Goodman, S. M. & Ranivo, J. 2004**. The taxonomic status of *Neoromicia somalicus malagasyensis*. *Mammalian Biology*, 69: 434-438.

32. **Goodman, S. M. & Ranivo, J. 2009**. The geographical origin of the type specimens of *Triaenops humbloti* and *T. rufus* (Chiroptera: Hipposideridae) reputed to be from Madagascar and the description of a replacement species name. *Mammalia*, 73: 47-55.

33. **Goodman, S. M., Langrand, O. & Raxworthy, C. J. 1993**. The food habits of the Barn Owl *Tyto alba* at three sites on Madagascar. *Ostrich*, 64: 160-171.

34. **Goodman, S. M., Andriafidison, D., Andrianaivoarivelo, R., Cardiff, S. G., Ifticene, E., Jenkins, R. K. B., Kofoky, A., Mbohoahy, T., Rakotondravony, D., Ranivo, J., Ratrimomanarivo, F., Razafimanahaka, J. & Racey, P. A. 2005**. The distribution and conservation of bats in the dry regions of Madagascar. *Animal Conservation*, 8: 153-165.

35. **Goodman, S. M., Jenkins, R. K. B. & Ratrimomanarivo, F. H. 2005**.A review of the genus *Scotophilus* (Chiroptera: Vespertilionidae) on Madagascar, with the description of a new species. *Zoosystema*, 27: 867-882.

36. **Goodman, S. M., Ratrimomanarivo, F. H. & Randrianandrianina, F. H. 2006**. A new species of *Scotophilus* (Chiroptera: Vespertilionidae) from western Madagascar. *Acta Chiropterologica*, 8: 21-37.

37. **Goodman, S.M., Cardiff, S. G., Ranivo, J., Russell, A. L. & Yoder, A. D. 2006**. A new species of *Emballonura* (Chiroptera: Emballonuridae) from the dry regions of Madagascar. *American Museum Novitates*, 3538: 1-24.

38. **Goodman, S. M., Kofoky, A. & Rakotondraparany, F. 2007**. The description of a new species of *Myzopoda* (Myzopodidae: Chiroptera) from western Madagascar. *Mammalian Biology*, 72: 65-81.

39. **Goodman, S. M., Ryan, K. E., Maminirina, C. P., Fahr, J., Christidis, L. & Appleton, B. 2007**. The specific status of populations on Madagascar referred to *Miniopterus fraterculus* (Chiroptera: Vespertilionidae).

Journal of Mammalogy, 88: 1216-1229.

40. **Goodman, S. M., Bradman, H. M., Maminirina, C. P., Ryan, K. E., Christidis, L. & Appleton, B. 2008.** A new species of *Miniopterus* (Chiroptera: Vespertilionidae) from lowland southeastern Madagascar. *Mammalian Biology*, 73: 199-213.

41. **Goodman, S. M., Cardiff, S. G. & Ratrimomanarivo, F. H. 2008.** First record of *Coleura* (Chiroptera: Emballonuridae) on Madagascar and identification and diagnosis of members of the genus. *Systematics & Biodiversity*, 6: 283-292.

42. **Goodman, S. M., Jansen Van Vuuren, B., Ratrimomanarivo, F., Probst, J.-M. & Bowie, R. C. K. 2008.** Specific status of populations in the Mascarene Islands referred to *Mormopterus acetabulosus* (Chiroptera: Molossidae), with description of a new species. *Journal of Mammalogy*, 89: 1316-1327.

43. **Goodman, S. M., Ratrimomanarivo, F. H., Ranivo, J. & Cardiff, S. G. 2008.** The hunting of microchiropteran bats in different portions of Madagascar. *African Bat Conservation Newsletter*, 16: 4-7.

44. **Goodman, S. M., Maminirina, C. P., Bradman, H. M., Christidis, L. & Appleton, B. 2009.** The use of molecular phylogenetic and morphological tools to identify cryptic and paraphyletic species: Examples from the diminutive long-fingered bats (*Miniopterus*: Miniopteridae: Chiroptera) on Madagascar. *American Museum Novitates*, 3669: 1-33.

45. **Goodman, S. M., Maminirina, C. P., Weyeneth, N., Bradman, H. M., Christidis, L., Ruedi, M. & Appleton, B. 2009.** The use of molecular and morphological characters to resolve the taxonomic identity of cryptic species: The case of *Miniopterus manavi* (Chiroptera: Miniopteridae). *Zoologica Scripta*, 38: 339-363.

46. **Goodman, S. M., Buccas, W., Naidoo, T., Ratrimomanarivo, F., Taylor, P. J. & Lamb, J. 2010.** Patterns of morphological and genetic variation in western Indian Ocean members of the *Chaerephon 'pumilus'* complex (Chiroptera: Molossidae), with the description of a new species from Madagascar. *Zootaxa*, 2551: 1-36.

47. **Goodman, S. M., Chan, L. M., Nowak, M. D. & Yoder, A. D. 2010.** Phylogeny and biogeography of western Indian Ocean *Rousettus* (Chiroptera: Pteropodidae). *Journal of Mammalogy*, 91: 593-606.

48. **Goodman, S. M., Maminirina, C. P., Bradman, H. M., Christidis, L. & Appleton, B. 2010.** Patterns of morphological and genetic variation in the endemic Malagasy bat *Miniopterus gleni* (Chiroptera: Miniopteridae), with the description of a new species, *M. griffithsi*. *Journal of Zoological Systematics and Evolutionary Research*, 48: 75-86.

49. **Goodman, S. M., Weyeneth, N., Ibrahim, Y., Saïd, I. & Ruedi, M. 2010.** A review of the bat fauna

of the Comoro Archipelago. *Acta Chiropterologica*, 12: 117-141.

50. **Grandidier, G. 1937.** Mammifères nouveaux de la région de Diego-Suarez (Madagascar). *Bulletin du Muséum National d'Histoire Naturelle,* série 2, 9: 347-353.

51. **Hawkins, C. E. 1998.** The behaviour and ecology of the fossa, *Cryptoprocta ferox* (Carnivora: Viverridae) in a dry deciduous forest in western Madagascar. Ph.D. thesis, University of Aberdeen.

52. **Hill, J. E. 1993.** Long-fingered bats of the genus *Miniopterus* (Chiroptera: Vespertilionidae) from Madagascar. *Mammalia*, 57: 401-405.

53. **Jenkins, R. K. B. & Racey, P. A. 2008.** Bats as bushmeat in Madagascar. *Madagascar Conservation & Development*, 3: 22-30.

54. **Jenkins, R. K. B., Andriafidison, D., Razafimanahaka, H. J., Rabearivelo, A., Razafindrakoto, N., Andrianandrasana, R. H., Razafimahatratra, E. & Racey, P. A. 2007.** Not rare, but threatened: the endemic Madagascar Flying Fox *Pteropus rufus* in a fragmented landscape. *Oryx*, 41: 263-271.

55. **Jenkins, R. K. B., Kofoky, A. F., Russ, J. M., Andriafidison, A., Siemers, B. M., Randrianandrianina, F. H., Mbohoahy, T., Rahaingodrahety, V. N. & Racey, P. A. 2007.** Ecology of bats in the southern Anosy Region. In: Biodiversity, ecology and conservation of littoral ecosystems in southeastern Madagascar, Tolagnaro (Fort Dauphin), eds. J. U. Ganzhorn, S. M. Goodman & M. Vincelette, pp. 209-222. Smithsonian Institution/ Monitoring and Assessment of Biodiversity Program, Series #11. Smithsonian Institution, Washington, D. C.

56. **Kalka, M. B., Smith, A. R. & Kalko, E. K. V. 2008.** Bats limit arthropods and herbivory in a tropical forest. *Science*, 320: 71.

57. **Kaudern, W. 1915.** Säugethiere aus Madagaskar. *Arkiv för Zoologi,* 18: 1-101.

58. **Kofoky, A., Andriafidison, D., Razafimanahaka, H. T., Rampilimanana, R. L. & Jenkins, R. K. B. 2006.** The first observation of *Myzopoda* sp. (Myzopodidae) roosting in western Madagascar. *African Bat Conservation News*, 9: 5-6.

59. **Kofoky, A., Andriafidison, D., Ratrimomanarivo, F., Razafimanahaka, H. J., Rakotondravony, D., Racey, P. A. & Jenkins, R. K. B. 2007.** Habitat use, roost selection and conservation of bats in Tsingy de Bemaraha National Park, Madagascar. *Biodiversity and Conservation*, 16: 1039-1053.

60. **Kofoky, A. F., Randrianandrianina, F., Russ, J., Raharinantenaina, I., Cardiff, S. G., Jenkins, R. K. B. & Racey, P. A. 2009.** Acoustic description of some insectivorous bats (Microchiroptera) from Madagascar. *Acta Chiropterologica*, 11: 375-392.

61. **Lamb, J. M., Ralph, T. M. C., Goodman, S. M., Bogdanowicz, W., Gajewska, M., Bates, P. J. J.,**

**Eger, J., Fahr, J. & Taylor, P. J. 2008.** Phylogeography of African and Malagasy populations of *Otomops* (Chiroptera: Molossidae). *Acta Chiropterologica*, 10: 21-40.

62. **Langrand, O. & Goodman, S. M. 2010.** Liste des noms vernaculaires en langue française des espèces de chauves-souris de Madagascar. *Malagasy Nature*, 4: 49-54.

63. **Long, E. & Racey, P. A. 2007.** An exotic plantation crop as a keystone resource for an endemic megachiropteran in Madagascar. *Journal of Tropical Biology*, 23: 397-407.

64. **MacKinnon, J. L., Hawkins, C. E. & Racey, P. A. 2003.** Pteropididae, fruit bats. In *The natural history of Madagascar*, eds. S. M. Goodman & J. P. Benstead, pp. 1299-1302. The University of Chicago Press, Chicago.

65. **Maminirina, C. P., Appleton, B., Bradman, H. M., Christidis, L. & Goodman, S. M. 2009.** Variation géographique et moléculaire chez *Miniopterus majori* (Chiroptera : Miniopteridae) de Madagascar. *Malagasy Nature*, 2: 127-143.

66. **McWilliam, A. N. 1987.** The reproduction and social biology of *Coleura afra* in a seasonal environment. In *Recent advances in the study of bats,* eds. M. B. Fenton, P. A. Racey & J. M. V. Rayner, pp. 324-350. Cambridge University Press, Cambridge.

67. **Miller-Butterworth, C. M., Eick, G., Jacobs, D. S. Schoeman, M. C. & Harley, E. H. 2005.** Genetic and phenotypic differences between South African long-fingered bats, with a global miniopterine phylogeny. *Journal of Mammalogy*, 86: 1121-1135.

68. **Miller-Butterworth, C. M., Murphy, W. J., O'Brien, S. J., Jacobs, D. S., Springer, M. S. & Teeling, E. C. 2007.** A family matter: Conclusive resolution of the taxonomic position of the long-fingered bats, *Miniopterus*. *Molecular Biology and Evolution*, 24: 1553-1561.

69. **Monadjem, A., Taylor, P. J., Cotterill, F. P. D. & Schoeman, M. C. 2010.** *Bats of southern Africa: A biogeographic and taxonomic synthesis.* Wits University Press, Johannesburg.

70. **Müller, B., Goodman, S. M. & Peichl, L. 2007.** Cone photoreceptor diversity in the retinas of fruit bats (Megachiroptera). *Brain Behavior and Evolution*, 70: 90-104.

71. **O'Brien, J., Mariani, C., Olson, L., Russell, A. L., Say, L., Yoder, A. D. & Hayden, T. J.2009.** Multiple colonisations of the western Indian Ocean by *Pteropus* fruit bats (Megachiroptera: Pteropodidae): The furthest islands were colonised first. *Molecular Phylogenetics and Evolution*, 51: 294-303.

72. **Olsson, A., Emmett, D., Henson, D. & Fanning, E. 2006.** Activity patterns and abundance of microchiropteran bats at a cave roost in south-west Madagascar. *African Journal of Ecology*, 44: 401-403.

73. **Payne, J. & Francis, C. M. 1998.** *A field guide to the mammals of*

*Borneo*. The Sabah Sociaty, Kota Kinabalu.

74. **Peterson, R. L., Eger, J. L. & Mitchell, L. 1995**. *Chiroptères*. Vol. 84 de *Faune de Madagascar*. Muséum national d'Histoire naturelle, Paris.

75. **Picot, M. M., Jenkins, R. K. B., Ramilijaona, O. R., Racey, P. A. & Carrière, S. M. 2007**. The feeding ecology of *Eidolon dupreanum* (Pteropodidae) in eastern Madagascar. *African Journal of Ecology*, 45: 645-650.

76. **Pont, S. M. & Armstrong, J. D. 1990**. A study of the bat fauna of the Reserve Naturelle Integral [sic] de Marojejy in north east Madagascar. University of Aberdeen, Aberdeen.

77. **Racey, P. A. 1982**. Ecology of reproduction. In *Ecology of bats*, ed. T. H. Kunz, pp. 57-104. Plenum Press, New York.

78. **Raharinantenaina, I. M. O., Kofoky, A. F., Mbohoahy, T., Andriafidison, D., Randrianandrianina, F., H., Ramilijaona, O. R. & Jenkins, R. K. B. 2008**. *Hipposideros commersoni* (E. Geofferoy, 1831, Hipposideridae) roosting in trees in littoral forest, south-western Madagascar. *African Bat Conservation News*, 15: 2-4.

79. **Raheriarsena, M. 2005**. Régime alimentaire de *Pteropus rufus* (Chiroptera : Pteropodidae) dans la Région sub-aride du sud de Madagascar. *Revue d'Ecologie*, 60: 255-264.

80. **Rajemison, B. & Goodman, S. M. 2007**. The diet of *Myzopoda schliemanni*, a recently described Malagasy endemic, based on scat analysis. *Acta Chiropterologica*, 9: 311-313.

81. **Rakotoarivelo, A. A., Ranaivoson, N., Ramilijaona, O. R., Kofoky, A. F., Racey, P. A. & Jenkins, R. K. B. 2007**. Seasonal food habits of five sympatric forest microchiropterans in western Madagascar. *Journal of Mammalogy*, 88: 959-966.

82. **Rakotoarivelo, A. A., Ralisata, M., Ramilijaona, O. R., Rakotomalala, M. R., Racey, P. A. & Jenkins, R. K. B. 2009**. The food habits of a Malagasy giant: *Hipposideros commersoni* (E. Geoffroy, 1813). *African Journal of Ecology*, 47: 283-288.

83. **Rakotoarivelo, A. R. & Randrianandrianina, F. H. 2007**. A chiropteran survey of the Lac Kinkony-Mahavavy area in western Madagascar. *African Bat Conservation News*, 12: 2-5.

84. **Rakotonandrasana, E. N. & Goodman, S. M. 2007**. Bat inventories of the Madagascar offshore islands of Nosy Be, Nosy Komba and Ile Sainte-Marie. *African Bat Conservation Newsletter*, 12: 6-10.

85. **Ralisata, M., Andriamboavonjy, F. R., Rakotondravony, D., Ravoahangimalala, O. R., Randrianandrianina, F. H. & Racey, P. A. 2010**. Monastic *Myzopoda*: The foraging and roosting ecology of a sexually segregated Malagasy endemic bat. *Journal of Zoology*, 2010: 1-10.

86. **Ramasindrazana, B., Rajemison, B. & Goodman, S. M. 2010**. The diet of the endemic bat *Myzopoda*

*aurita* (Myzopodidae) based on fecal analysis. *Malagasy Nature*, 2: 159-163.

87. **Randrianandrianina, F., Andriafidison, D., Kofoky, A. F., Ramilijaona, O., Ratrimomanarivo, F., Racey, P. A. & Jenkins, R. K. B. 2006.** Habitat use and conservation of bats in rainforest and adjacent human-modified habitats in eastern Madagascar. *Acta Chiropterologica*, 8: 429-437.

88. **Ranivo, J. & Goodman, S. M. 2006.** Révision taxinomique des *Triaenops* malgaches (Mammalia, Chiroptera, Hipposideridae). *Zoosystema*, 28: 963-985.

89. **Ranivo, J. & Goodman, S. M. 2007.** Variation géographique de *Hipposideros commersoni* de la zone sèche de Madagascar (Mammalia, Chiroptera, Hipposideridae). *Verhandlungen des Naturwissenschaftlichen Vereins in Hamburg, neues folge*, 43: 33-56.

90. **Rasoma, J. & Goodman, S. M. 2007.** Food habits of the Barn Owl (*Tyto alba*) in spiny bush habitat of arid southwestern Madagascar. *Journal of Arid Environments*, 69: 537-543.

91. **Ratrimomanarivo, F. H. 2007.** Etude du régime alimentaire d'*Eidolon dupreanum* (Chiroptera: Pteropodidae) dans la région anthropisée des Hautes Terres du centre de Madagascar. *Revue d'Ecologie*, 62: 229-244.

92. **Ratrimonanarivo, F. H. & Goodman, S. M. 2005.** First records of the synanthropic occurrence of *Scotophilus* spp. on Madagascar. *African Bat Conservation News*, 6: 3-5.

93. **Ratrimomanarivo, F. H., Vivian, J., Goodman, S. M. & Lamb, J. 2007.** Morphological and molecular assessment of the specific status of *Mops midas* (Chiroptera: Molossidae) from Madagascar and Africa. *African Zoology*, 42: 237-253.

94. **Ratrimomanarivo, F. H., Goodman, S. M., Hoosen, N., Taylor, P. J. & Lamb, J. 2008.** Morphological and molecular variation in *Mops leucostigma* (Chiroptera: Molossidae) of Madagascar and the Comoros: Phylogeny, phylogeography, and geographic variation. *Mitteilungen aus dem Hamburgischen Zoologischen Museum*, 105: 57-101.

95. **Ratrimomanarivo, F. H., Goodman, S. M., Taylor, P. J., Melson, B. & Lamb, J. 2009.** Morphological and genetic variation in *Mormopterus jugularis* (Chiroptera: Molossidae) in different bioclimatic regions of Madagascar with natural history notes. *Mammalia*, 73: 110-129.

96. **Razakarivony, V. R., Rajemison, B. & Goodman, S. M. 2005.** The diet of Malagasy Microchiroptera based on stomach contents. *Mammalian Biology*, 70: 312-316.

97. **Richter, H. V. & Cumming, G. S. 2008.** First application of satellite telemetry to track African straw-coloured fruit bat migration. *Journal of Zoology*, 275: 172-176.

98. **Riskin, D. K. & Racey, P. A. 2010. How do sucker-footed bats hold on, and why do they roost**

**head-up?** *Biological Journal of the Linnean Society*, 99: 233-240.

99. **Robinson, J. E., D'Cruze, N. C., Dawson, J. S., & Green, K. E. 2006.** Bat survey in Montagne des Français, Antsiranana, northern Madagascar (6 April - 14 December 2005). *African Bat Conservation News*, 9: 8-12.

100. **Russ, J., Bennett, D., Ross, K. & Kofoky, A. 2003.** *The bats of Madagascar: A field guide with descriptions of echolocation calls.* Viper Press. Glossop, U.K.

101. **Russell, A. L., Ranivo, J., Palkovacs, E. P., Goodman, S. M. & Yoder, A. D. 2007.** Working at the interface of phylogenetics and population genetics: A biogeographic analysis of *Triaenops* spp. (Chiroptera: Hipposideridae). *Molecular Ecology*, 16: 839-851.

102. **Russell, A. L., Goodman, S. M. & Cox, M. P. 2008.** Coalescent analyses support multiple mainland-to-island dispersals in the evolution of Malagasy *Triaenops* bats (Chiroptera: Hipposideridae). *Journal of Biogeography*, 35: 995-1003.

103. **Samonds, K. E. 2007.** Late Pleistocene bat fossils from Anjohibe Cave, northwestern Madagascar. *Acta Chiropterologica*, 9: 39-65.

104. **Schliemann, H. 1970.** Bau und Funktion der Haftorgane von *Thyroptera* und *Myzopoda* (Vespertilionoidea, Microchiroptera, Mammalia). *Zeitschrift für wissenschaftliche Zoologie*, 181: 353-400.

105. **Simmons, N. B. 1993.** Morphology, function, and phylogenetic significance of pubic nipples in bats. *American Museum Novitates*, 37: 1-37.

106. **Simmons, N. B. 2005.** Order Chiroptera. In *Mammal species of the World: A taxonomic and geographic reference, 3rd edition*, eds. D. E. Wilson & D. M. Reeder, pp. 312-521. Johns Hopkins University Press, Baltimore.

107. **Simmons, N. B., Seymour, K. L., Habersetzer, J. & Gunnell, G. F. 2008.** Primitive Early Eocene bat from Wyoming and the evolution of flight and echolocation. *Nature*, 451: 818-821.

108. **Taylor, P. J. 2000.** *Bats of southern Africa.* University of Natal Press, Pietermaritzburg.

109. **Taylor, P. J., Geiselman, C., Kabochi, P., Agwanda, B. & Turner, S. 2005.** Intraspecific variation in the calls of some African bats (Order Chiroptera). *Durban Museum Novitates*, 30: 24-37.

110. **UICN 2010.** IUCN Red List of Threatened Species. Version 2010.4. <www.iucnredlist. org>. Downloaded on 19 December 2010.

111. **Van Dyck, S. & Strahan, R (eds.). 2008.** *The mammals of Australia*, 3rd edition. Reed New Holland, Sydney.

112. **Weyeneth, N., Goodman, S. M., Stanley, W. T. & Ruedi, M. 2008.** The biogeography of *Miniopterus* bats (Chiroptera: Miniopteridae) from the Comoro Archipelago inferred from mitochondrial DNA. *Molecular Ecology*, 17: 5205-5219.

113. **Weyeneth, N., Goodman, S. M. & Ruedi, M. 2010**. Does the diversification models of Madagascar's biota explain the population structure of the endemic bat *Myotis goudoti* (Chiroptera: Vespertilionidae)? *Journal of Biogeography,* 38: 44-54.

114. **Williams-Guillén, K., Perfecto, I. & Vandermeer, J. 2008**. Bats limit insects in a Neotropical agroforestry system. *Science,* 320: 70.

# INDEX

Index des noms scientifiques de chauves-souris mentionnées dans le texte. Les nombres en **gras** réfèrent au texte principal pour une espèce.